高等院校艺术设计精品系列教材

全彩慕课版

Photoshop
网店美工设计

谢文芳 贡玉军 主编 / 胡仕川 陈有源 康世瑜 副主编

U0300091

人民邮电出版社

北 京

图书在版编目（CIP）数据

Photoshop网店美工设计：全彩慕课版 / 谢文芳，
贡玉军主编. -- 北京：人民邮电出版社，2022.11（2024.6重印）
高等院校艺术设计精品系列教材
ISBN 978-7-115-60129-2

Ⅰ. ①P… Ⅱ. ①谢… ②贡… Ⅲ. ①图像处理软件－
高等学校－教材②网店－设计－高等学校－教材 Ⅳ.
①TP391.413②F713.361.2

中国版本图书馆CIP数据核字(2022)第183433号

内 容 提 要

本书全面、系统地介绍了网店设计与装修的相关知识和基本设计技巧，主要包括初识网店美工与网店装修、商品图片的美化处理、网店营销推广图设计、店铺海报设计、PC端店铺首页设计、PC端店铺详情页设计、PC端店铺装修、手机端店铺设计、手机端店铺装修和网店视频拍摄与制作等内容。

本书第1章介绍网店美工与网店装修的基本情况，第2～10章以知识点讲解和课堂案例为主线，介绍相关知识和技巧。其中，知识点讲解部分让学生能够系统地了解网店设计与装修的基础知识，课堂案例介绍了详细的操作步骤及实际应用环境，学生可以快速掌握网店设计与装修的思路和技巧。主要章节中还安排了课堂练习和课后习题，以提升学生对网店设计与装修的实际应用能力。

本书可作为高等院校网店美工设计相关课程的教材，也可供相关人员学习、参考。

◆ 主　编　谢文芳　贡玉军

副 主 编　胡仕川　陈有源　康世瑜

责任编辑　马　媛

责任印制　王　郁　焦志炜

◆ 人民邮电出版社出版发行　　北京市丰台区成寿寺路11号

邮编　100164　电子邮件　315@ptpress.com.cn

网址　https://www.ptpress.com.cn

北京博海升彩色印刷有限公司印刷

◆ 开本：787×1092　1/16

印张：13.25　　　　　2022年11月第1版

字数：344千字　　　2024年6月北京第3次印刷

定价：69.80元

读者服务热线：(010)81055256　印装质量热线：(010)81055316
反盗版热线：(010)81055315
广告经营许可证：京东市监广登字20170147号

FOREWORD ———————————— 前言

　　本书全面贯彻党的二十大精神，以社会主义核心价值观为引领，传承中华优秀传统文化，坚定文化自信，使内容更好体现时代性、把握规律性、富于创造性。

网店美工简介

　　网店美工设计一般指对淘宝、天猫商城及京东商城等平台上的网店进行页面的美化与设计。随着移动互联网的发展与消费结构的改变，电子商务行业亦趋向成熟，网店美工人员也需要成为掌握"美工设计＋运营推广"能力的复合型人才。目前，我国很多院校的电子商务类专业和数字艺术类专业都将"网店美工设计"作为一门重要的专业课程。

如何使用本书

Step1　精选基础知识，帮助读者快速了解网店美工设计

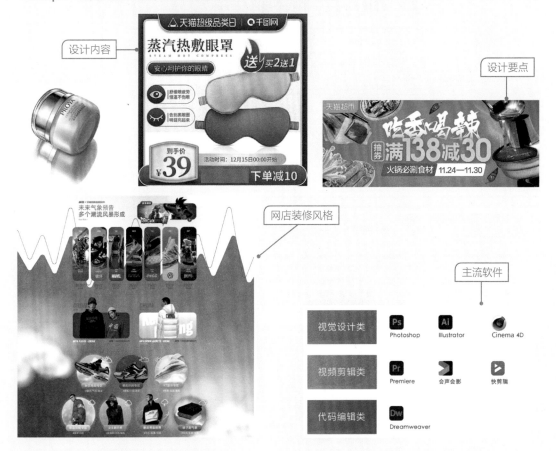

Step2 知识点解析 + 课堂案例，帮助读者熟悉设计思路，掌握制作方法

4.2.1 海报的设计尺寸

深入学习网店美工设计的基础知识和基本规范

海报的设计尺寸会根据不同电商平台的规则和商家的具体设计要求而有所区别，常见的设计尺寸主要分为以下 4 类。

（1）PC 端全屏海报

宽度为 1920 像素，高度建议为 500 像素～ 800 像素，常见高度为 500 像素、550 像素、600 像素、650 像素、700 像素、800 像素，如图 4-2 所示。

（2）PC 端常规海报

宽度为 950 像素、750 像素和 190 像素，高度建议在 100 像素～ 600 像素，常用尺寸为 750 像素 ×250 像素和 950 像素 ×250 像素，如图 4-3 所示。

图 4-2 图 4-3

4.3 课堂案例——护肤产品海报设计

完成知识点的学习后进行课堂案例制作

【案例设计要求】

（1）运用 Photoshop 制作海报。

（2）海报的尺寸为 1920 像素 ×600 像素。

（3）符合海报设计要求，体现出行业风格。

了解学习目标和知识要点

【案例学习目标】使用 Photoshop 中的多种工具和命令，制作护肤产品海报。

【案例知识要点】使用"矩形"工具 □、"画笔"工具 ✓、"钢笔"工具 ⌀、"添加锚点"工具 ⌀ 和"直接选择"工具 ▸ 绘制图形，使用"横排文字"工具 T 输入文字，使用"内发光"命令添加图层样式，使用"高斯模糊"命令、"垂直翻转"命令、"曲线"命令及"亮度/对比度"命令调整护肤产品海报的细节，效果如图 4-10 所示。

精选典型商业案例

图 4-10

【效果所在位置】云盘 \Ch04\4.3 课堂案例——护肤产品海报设计 \ 工程文件 .psd。

案例的步骤详解

① 按 Ctrl+N 组合键，弹出"新建文档"对话框，在其中设置"宽度"为 1920 像素、"高度"为 600 像素、"分辨率"为 72 像素 / 英寸、"颜色模式"为 RGB、"背景内容"为白色，如图 4-11 所示，单击"创建"按钮，新建一个文件。

② 按 Ctrl + O 组合键，打开云盘中的"Ch04 > 4.3 课堂案例——护肤产品海报设计 > 素材 > 01 ～ 05"文件。选择"移动"工具 +，将"01""02""03""04""05"图像分别拖曳到新建的图像窗口中的适当位置，如图 4-12 所示，在"图层"面板中生成新的图层，将其分别命名为"天空""花瓣""窗""桌子""光"。

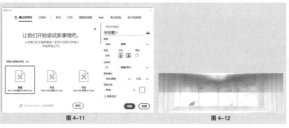

图 4-11 图 4-12

Step3 课堂练习 + 课后习题，帮助读者提升实际应用能力

4.4 课堂练习——空调海报设计

【案例设计要求】

（1）运用 Photoshop 制作海报。

（2）海报的尺寸为 1920 像素 ×600 像素，并且符合海报设计要点。

（3）根据参考效果，体现出行业风格。

【案例学习目标】使用 Photoshop 中的多种工具和命令，制作空调海报。

【案例知识要点】使用"矩形"工具 ▢、"圆角矩形"工具 ▢、"椭圆"工具 ▢绘制图形，使用"横排文字"工具 T.输入文字，使用"高斯模糊"命令制作阴影模糊效果，效果如图4-51所示。

图 4-51

更多商业案例

【效果所在位置】云盘 \Ch04\4.4 课堂练习——空调海报设计 \ 工程文件 .psd。

4.5 课后习题——果汁饮品海报设计

综合应用本章所学知识

【案例设计要求】

（1）运用 Photoshop 制作海报。

（2）海报的尺寸为 750 像素 ×390 像素，并且符合海报设计要点。

（3）根据参考效果，体现出行业风格。

【案例学习目标】使用 Photoshop 中的多种工具和命令，制作果汁饮品海报。

【案例知识要点】使用"矩形"工具 ▢、"画笔"工具 ✎、"钢笔"工具 ✎和"渐变"工具 ▣绘制图形，使用"横排文字"工具 T.输入文字，使用"渐变叠加"命令和"投影"命令添加图层样式，使用"添加图层蒙版"命令隐藏不需要的图像，使用"高斯模糊"命令、"亮度/对比度"命令及"曲线"命令调整果汁饮品海报的色调，效果如图 4-52 所示。

图 4-52

【效果所在位置】云盘 \Ch04\4.5 课后习题——果汁饮品海报设计 \ 工程文件 .psd。

Step4 循序渐进，帮助读者掌握真实商业项目的制作过程

网店营销推广图片设计

商品图片美化与处理

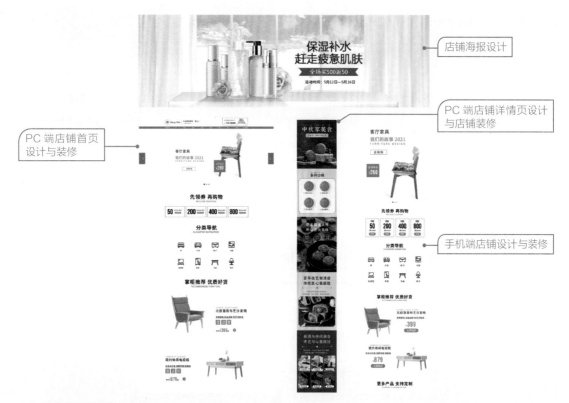

店铺海报设计

PC 端店铺详情页设计与店铺装修

PC 端店铺首页设计与装修

手机端店铺设计与装修

配套资源及获取方式

本书的配套资源如下。

- 所有案例的素材及最终效果文件。
- 案例的操作视频（扫描书中二维码即可观看）。
- 课堂练习和课后习题的操作视频（扫描书中二维码即可查看）。
- PPT 课件。
- 教学大纲。
- 教学教案。

登录人邮教育社区（www.ryjiaoyu.com），在本书对应的页面中可免费下载、使用上述资源。

本书慕课视频可登录人邮学院网站（www.rymooc.com）或扫描封面的二维码观看。使用手机号码完成注册，在网站首页右上角选择"学习卡"选项，输入封底刮刮卡中的激活码，即可在线观看视频。使用手机扫描书中二维码也可以观看视频。

FOREWORD —————————————————— 前 言

教学指导

本书的参考学时为 64 学时，其中实训环节为 32 学时，各章的参考学时参见下面的学时分配表。

章	课程内容	学时分配	
		讲授	实训
第 1 章	初识网店美工与网店装修	2	—
第 2 章	商品图片的美化处理	2	2
第 3 章	网店营销推广图设计	2	4
第 4 章	店铺海报设计	2	4
第 5 章	PC 端店铺首页设计	4	4
第 6 章	PC 端店铺详情页设计	4	4
第 7 章	PC 端店铺装修	4	4
第 8 章	手机端店铺设计	4	4
第 9 章	手机端店铺装修	4	4
第 10 章	网店视频拍摄与制作	4	2
学时总计		32	32

本书约定

本书案例素材所在位置：云盘 \ 章号 \ 案例名 \ 素材，如云盘 \Ch05\5.3 课堂案例——家具产品首页设计 \ 素材。

本书案例效果文件所在位置：云盘 \ 章号 \ 案例名 \ 效果，如云盘 \Ch05\5.3 课堂案例——家具产品首页设计 \ 工程文件 .psd。

本书中关于颜色的表述，如红色（212、74、74），括号中的数字分别为颜色的 R、G、B 值。

由于作者水平有限，书中难免存在不妥之处，敬请广大读者批评指正。

编 者

2023 年 4 月

扩展知识扫码阅读

设计基础知识

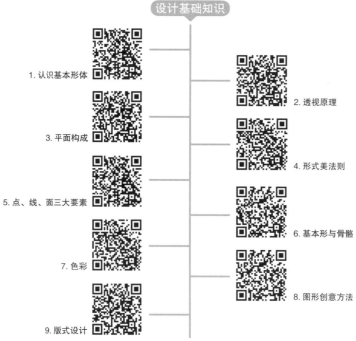

1. 认识基本形体

3. 平面构成

5. 点、线、面三大要素

7. 色彩

9. 版式设计

2. 透视原理

4. 形式美法则

6. 基本形与骨骼

8. 图形创意方法

设计应用知识

1. 图标设计

图标的概念　　图标的设计流程　　图标的设计原则

图标的设计规范　　图标的风格类型

3. 招贴广告设计

5. 书籍设计

7. 网页设计

2. APP 界面设计

APP 的概念　　APP 设计的流程　　APP 设计的原则

iOS 系统设计规范　　Android 设计规范　　APP 常用界面类型

4. 电商网店设计

Photoshop 在电商中的应用　　淘宝店铺各模块图片尺寸及具体要求　　网店首页各元素的设计　　商品详情页面各元素设计

6. 包装设计

Photoshop

CONTENTS ——————— 目 录

Photoshop

CONTENTS 目录

Photoshop

─09─

第9章 手机端店铺装修

─10─

第10章 网店视频拍摄与制作

01

第1章
初识网店美工与网店装修

▶ **本章介绍**

随着移动互联网的发展及消费结构的升级，网店美工行业逐渐趋向成熟，同时网店美工行业对从业人员的要求也发生了变化，因此想要从事网店美工相关工作的人员需要系统地学习与更新自己的知识体系。本章对网店美工的基础知识和网店装修的风格定位、页面构成、设计要点、常用软件、基本流程进行系统讲解。通过对本章的学习，读者可以对网店美工设计有一个宏观的认识，有助于高效、便利地进行后续的网店美工设计工作。

学习目标

● 掌握网店美工的基础知识

● 了解网店装修的风格定位

● 掌握网店的页面构成

● 掌握网店装修的设计要点

● 熟悉网店装修的常用软件

● 掌握网店装修的基本流程

慕课视频

初识网店
美工与网店
装修

1.1 网店美工概述

想要成为一名专业的网店美工，首先要了解网店美工的基础知识。下面分别从网店美工的基本概念、工作内容和基本技能这 3 个方面进行网店美工基础知识的讲解，为后续的设计工作奠定良好的基础。

1.1.1　网店美工的基本概念

网店美工一般是对淘宝、天猫商城及京东商城等平台上的网店进行页面的美化与设计工作者的统称。有别于传统的平面美工，网店美工不仅需要熟练掌握各种图像处理软件，熟悉网店页面设计与布局，还需要了解商品的特点，准确判断目标消费者的需求，这样才能提升商品转化率。总之，网店美工不仅需要处理图片，还需要具备相应的营销思维，并在设计中加入自己的创意，是一种具备"美工设计 + 运营推广"能力的复合型职业人才。

1.1.2　网店美工的工作内容

网店美工的工作内容非常具有针对性，主要围绕服务的网店展开相关工作。与传统的平面美工相比，网店美工的工作内容普遍较多，下面对网店美工的工作内容进行详细介绍。

1．拍摄并美化商品图片

商品图片的拍摄通常需要由专业的摄影师来完成，但随着摄影器材的普及，很多时候网店美工会直接进行商品的拍摄工作。拍摄出的商品图片通常是无法直接上架使用的，需要网店美工对商品图片进行设计和美化，以保证商品可以呈现出比较理想的视觉效果，打动消费者，如图 1-1 所示。

2．设计与装修网店

网店美工除了需要进行图片处理，还应该能够完成整个网店的设计与装修工作。网店装修需要根据平台后台提供的模块进行，但是想要店铺呈现出更理想的视觉效果，还需要网店美工在后台模块的基础上对网店页面进行创意设计，如图 1-2 所示。

图 1-1　　　　　　　　　　　　　　　　　　　　图 1-2

3．设计促销活动页面

电商平台会不定期推出多种促销活动，这就需要网店美工能够根据活动主题，完成促销期间店铺首页、商品详情页及活动页的设计。网店美工设计的各个页面需要让消费者充分了解活动内容和促销力度，从而促使消费者积极地参与活动，提升商品销量，如图 1-3 所示。

4．运营推广商品

商家只有进行积极、有效的推广，才能够令自己的网店从众多网店中脱颖而出，而网店美工在商品的运营推广中发挥着重要的作用。网店美工需要站在消费者角度，深入挖掘消费者的浏览习惯和需求，根据商品的上架情况和促销信息设计主图、直通车图、促销海报等，如图 1-4 所示。

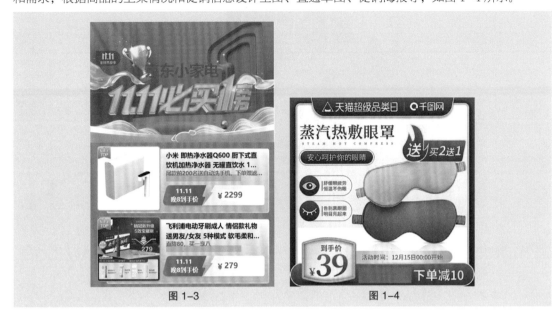

图 1-3　　　　　　　　　　　　　图 1-4

1.1.3　网店美工的基本技能

一名优秀的网店美工需要具备 4 个方面的能力：一是图像处理与设计能力，二是视频拍摄与编辑能力，三是代码识别与编辑能力，四是商品策划与推广能力。

图像处理与设计需要网店美工有扎实的设计基础，具备良好的审美及鉴别能力；同时必须熟练掌握 Photoshop、Illustrator 等设计软件，可以将创意融入作品中。视频拍摄与编辑需要网店美工能够进行商品视频的拍摄，并熟练掌握 Premiere 等剪辑软件，能对视频进行剪辑处理。代码识别与编辑需要网店美工能够认识 HTML 和 CSS，并熟练掌握 Dreamweaver 等软件，能进行网店的布局。商品策划与推广则需要网店美工在掌握相关专业技能的基础上掌握营销知识，拥有良好的营销思维，从运营、推广、数据分析的角度进行思考，从而激发消费者的购买欲望，提高网店的浏览量与商品转化率。

1.2　网店装修的风格定位

目前，网店装修主要有扁平化、立体化和插画风这 3 种风格，这 3 种风格在视觉表达上都各有优势。

1. 扁平化

以扁平化风格为主的网店设计页面通过字体、图形和色彩等打造出层次清晰的视觉效果，整个页面具有较强的可读性，如图 1-5 所示。

2. 立体化

以立体化风格为主的网店设计页面包含用 Cinema 4D 与 Octane Render 制作并渲染的模型，进而呈现出别具一格的画面效果，整个页面十分立体、生动，如图 1-6 所示。

慕课视频

网店装修的
风格定位

图 1-5

3. 插画风

以插画风为主的网店设计页面包含用手绘笔触绘制出的各种富有个性的形象，整个页面丰富、有趣，如图 1-7 所示。

图 1-6   图 1-7

1.3 网店的页面构成

1. 店铺首页的构成

在 PC 端店铺中，首页通常由店招和导航、轮播海报、优惠券、分类导航、商品展示和底部信息等模块组成，如图 1-8 所示。在手机端店铺中，其首页图片尺寸与 PC 端店铺不同，但内容与 PC 端店铺几乎相同。根据实际需求，店铺可选择在首页中加入直播、猜你想找、排行榜或更多商品等模块，如图 1-9 所示。

图 1-8

图 1-9

2. 店铺详情页的构成

在 PC 端店铺中，详情页通常由主图、左侧区域及详情区域组成，如图 1-10 所示。手机端店铺的详情页与 PC 端店铺的详情页相比，除了尺寸不同外，还缺少了左侧区域，如图 1-11 所示。

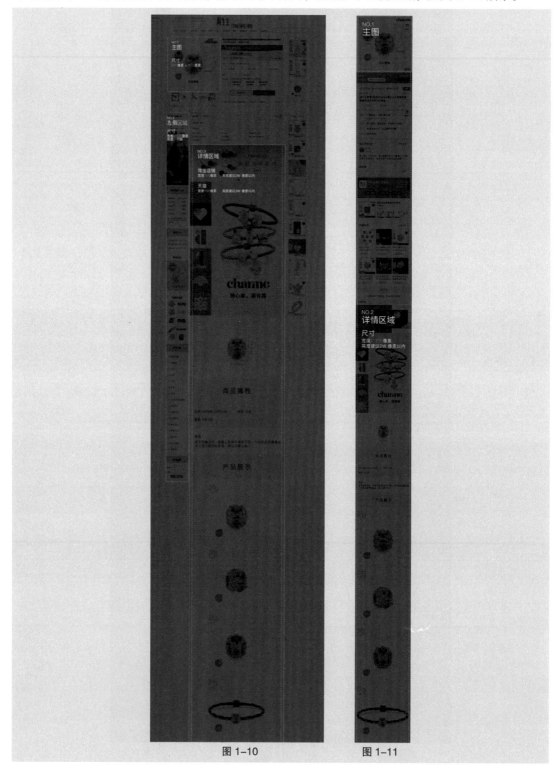

图 1-10 　　　　　　　图 1-11

1.4 网店装修的设计要点

在了解了网店美工的相关基础知识之后，还要掌握网店装修的设计要点，这样网店才能更引人注意。下面分别从基础元素、颜色搭配、文字设计和版式构图这4个方面进行网店装修设计要点的讲解。

慕课视频

网店装修的
设计要点

1.4.1 基础元素

点、线、面是设计中的三大基础元素，在设计时，将它们结合使用，可以制作出丰富的画面效果。下面对这3个基础元素进行详细讲解。

1. 点

点是最基本的视觉单位，具有凝聚视线的作用。点的形状多种多样，可分为圆点、方点、角点等规则点和形状自由、随意的不规则点两类。改变点的大小、形状和位置可以在画面中产生不一样的效果，如图1-12所示。

图 1-12

2. 线

线是点移动的轨迹，是面的边缘，具有分割画面和明确界限的作用。线的形状多种多样，总的来说，可以分为直线和曲线两类。改变线的粗细、形状、长短和角度可以在画面中产生不一样的效果，如图1-13所示。

图 1-13

3. 面

面是线移动的轨迹，可以分为点型的面、线型的面及两者结合的面3类。面的形状多种多样，针对网店设计，常用的形状有方形、三角形及圆形等几何形和墨迹、泥点等偶然形。改变面的形状可以在画面中产生不一样的效果，如图1-14所示。

图 1-14

1.4.2 颜色搭配

网店的颜色可以带给消费者强烈的视觉冲击，在设计时，应围绕主色、辅助色和点缀色并运用科学的搭配方法，制作出颜色协调、舒适的画面。下面对颜色搭配进行详细讲解。

1. 颜色搭配基础

网店设计中的颜色主要分为主色、辅助色和点缀色3类，它们各自承担不同的功能。

（1）主色

主色是画面中面积最大、最醒目的色彩，决定了整个画面的颜色调性，如图1-15所示。在选择主色时，应综合考虑商品风格、目标消费人群等因素。

（2）辅助色

辅助色是用于衬托主色的颜色，其占用面积仅次于主色。合理使用辅助色可以使画面颜色丰富美观，如图1-15所示。

（3）点缀色

点缀色是画面中面积最小但较醒目的颜色。合理使用点缀色可以起到锦上添花的作用，如图1-15所示。

图1-15

2. 颜色搭配方法

网店设计中的颜色搭配方法主要有以下两种。

（1）马赛克提取法

马赛克提取法主要通过Photoshop实现。在Photoshop中置入图片，选择"滤镜>像素化>马赛克"命令，再选取合适的颜色，如图1-16所示。

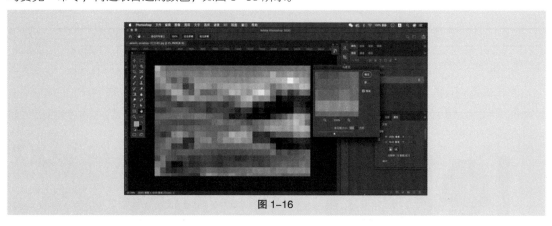

图1-16

马赛克提取法不适用于低质量、.psd格式、插画、产品摄影类图片，如图1-17所示。

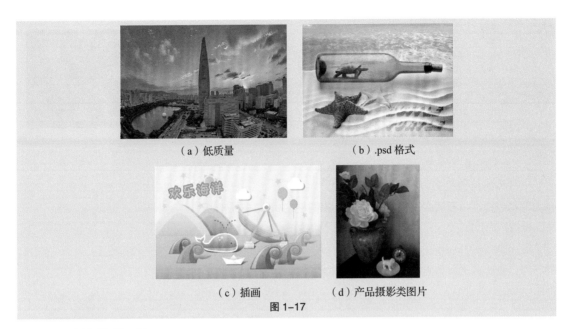

（a）低质量 （b）.psd 格式

（c）插画 （d）产品摄影类图片

图 1-17

（2）颜色搭配工具

颜色搭配还可以通过在线工具实现，比较常用的是 Adobe Color 在线工具，如图 1-18 所示。

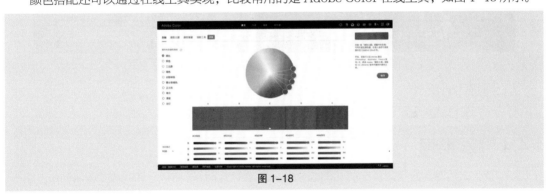

图 1-18

1.4.3 文字设计

文字是页面的重要组成部分。在设计时，应选择符合画面风格的字体，并设置合适的字号、字间距及行距。下面对文字设计进行详细讲解。

1. 字体与字号

PC 端店铺中的最小字号建议为 18 像素，手机端店铺中的最小字号建议为 30 像素。

（1）宋体

宋体字的笔画有粗细变化，通常是横细竖粗，末端有装饰部分，点、撇、捺、钩等笔画有尖端，属于衬线字体。宋体字有着纤细优雅、文艺时尚的特点，常用于珠宝首饰、美妆护肤等类型的店铺中，如图 1-19 所示。

（2）黑体

黑体又称为方体或等线体，黑体字的笔画横平竖直，粗细一样，没有衬线装饰。黑体字有着方正、朴素、简洁的特点，常用于电子数码、大型家电等类型的店铺中，如图 1-20 所示。

图 1-19   图 1-20

（3）书法体

书法体是指传统书写字体，可分为篆、隶、草、行、楷五大类。书法体字有着自由多变、苍劲有力的特点，常用于茶饮、笔墨等类型的店铺中，如图 1-21 所示。

（4）美术体

美术体是指非正常的、特殊的印刷字体，具有美化的效果。美术体字有着美观醒目、变化丰富的特点，既可展示商品促销信息，又可以为画面营造活泼的氛围，如图 1-22 所示。

图 1-21   图 1-22

2．字间距与行距

网店页面中的字间距建议控制在字号的 1/5 以内，行距建议为字号的 1/2，并且要大于间距。

1.4.4　版式构图

不同的版式构图会给消费者带来不同的视觉感受，在设计时，应使用合理的版式构图制作出统一、协调的画面。

1．左右构图

左右构图是指将画面按照黄金比例进行分割，主体可根据文案的位置放置于画面的左侧或右侧，这种构图具有美学价值，能够表现出协调感与美感，如图 1-23 所示。

图 1-23

2．上下构图

上下构图是指将画面按照黄金比例进行分割，主体通常放置于画面的下方，以承载视觉重点；

文字则放置于画面的上方，以展示说明信息，这种构图呈现的视觉效果平衡且稳定，如图 1-24 所示。

3．居中构图

居中构图是指将主体放置于画面的中心，这种构图能够令主体快速吸引消费者的目光，并表现出稳定、均衡的感觉，如图 1-25 所示。需要注意的是，在使用该构图时，可以加入少量的装饰元素，以避免画面呆板。

4．对角线构图

对角线构图是指将主体放置于画面的对角线上，这种构图能够很好地呈现主体，表现出立体感、延伸感和运动感，如图 1-26 所示。

图 1-24

图 1-25

图 1-26

1.5　网店装修的常用软件

网店装修的常用软件包括视觉设计、视频剪辑及代码编辑这 3 类，如图 1-27 所示。其中 Photoshop 是一款图像处理软件，是网店美工进行商品修图、广告设计和页面设计时经常使用的软件。Illustrator 是一款图形处理软件，主要与 Photoshop 搭配使用，用于进行页面中的字体设计与图标设计。Cinema 4D 是一款 3D 表现软件，它打破了传统平面在视觉呈现上的局限性，丰富了设计创意的表现形式。Premiere、会声会影和快剪辑都是视频剪辑软件，用于剪辑网店中的视频。Dreamweaver 是一款网页代码编辑软件，可运用该软件为图片添加跳转链接。

慕课视频

网店装修的
常用软件

图 1-27

1.6 网店装修的基本流程

　　网店装修的基本流程可以细分为需求分析、素材收集、视觉设计、审核修改、完稿切图及上传图片 6 个步骤，如图 1-28 所示。

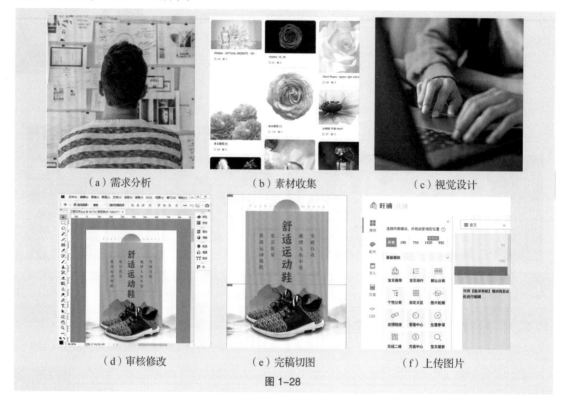

（a）需求分析　　　　　（b）素材收集　　　　　（c）视觉设计

（d）审核修改　　　　　（e）完稿切图　　　　　（f）上传图片

图 1-28

1. 需求分析

　　进行需求分析时，通常会通过文案与相关主题明确商品的卖点及目标消费者，初步确定页面的风格。

2. 素材收集

　　根据初步确定的页面风格，进行相关的素材收集及整理，为视觉设计做准备。

3. 视觉设计

　　使用 Photoshop、Illustrator、Cinema 4D 等软件，按照之前的分析与构思进行视觉方面的整体设计。

4. 审核修改

　　在网店设计过程中，通常会使用修图、调色及合成等方式对画面进行处理，此时需要进行反复调整，以达到合适的画面效果。

5. 完稿切图

　　在设计稿完成后，需要使用 Photoshop 等软件对页面进行切图，并将切图整理好，以便后续上传至网店。

6. 上传图片

　　将切图上传到后台的素材中心，然后进行网店的装修。发布后便可以进行商品的售卖。

第 2 章
02

商品图片的美化处理

▶ **本章介绍**

　　商品图片的美化处理是网店美工的首要工作任务，美化图片的常见方法有裁剪、抠图、调色及修图等。美化后的商品图片能够激发消费者的购买欲望，从而提升销售额。本章针对商品图片美化处理的裁剪、抠图、调色及修图等基础知识进行系统讲解，并针对不同情景及行业的典型商品图片进行项目演练。通过对本章的学习，读者可以对商品图片的美化处理有一个系统的认识，并能快速掌握商品图片的美化原则和处理方法，为以后的设计打下基础。

学习目标

- 掌握裁剪的处理基础
- 掌握抠图的处理基础
- 掌握调色的处理基础
- 掌握修图的处理基础

慕课视频

商品图片的美化处理

2.1 裁剪

　　裁剪通常是处理商品图片的第一步。通过裁剪处理，商品图片的大小、视觉中心及展示状态更加符合网店装修的需求。下面系统讲解裁剪的处理基础，帮助读者掌握裁剪处理的方法与技巧。

2.1.1　裁剪的处理基础

　　裁剪处理用于对图片进行尺寸、构图和变形等调整，使图片符合网店装修的需求，如图 2-1 所示。常见的裁剪方法有使用裁剪工具裁剪和使用透视裁剪工具裁剪等。

　　　　　　（a）裁剪前　　　　　　　　　（b）裁剪后

图 2-1

2.1.2　课堂案例——裁剪校正倾斜的商品

慕课视频

裁剪校正倾斜
的商品

　　【案例学习目标】使用 Photoshop 中的"裁剪"工具 ⊐.裁剪校正倾斜的商品。

　　【案例知识要点】使用"裁剪"工具 ⊐.校正倾斜的商品。

　　【效果所在位置】云盘 \Ch02\2.1.2 课堂案例——裁剪校正倾斜的商品 \ 工程

文件 .psd。

　　① 按 Ctrl + O 组合键，打开云盘中的"Ch02 > 2.1.2 课堂案例——裁剪校正倾斜的商品 > 素材 > 01"文件，如图 2-2 所示。选择"裁剪"工具 ⊐.，在图像中按住鼠标左键并拖曳，松开鼠标，绘制出一个裁剪框，效果如图 2-3 所示。

图 2-2

图 2-3

② 将鼠标指针移至裁剪框的左下角，鼠标指针会变为双向箭头图标↙↗，按住鼠标左键并拖曳，可以调整裁剪框的大小，效果如图 2-4 所示。

③ 绘制出的裁剪框可以旋转。将鼠标指针移至裁剪框其中一角的外侧，鼠标指针会变为旋转图标↰，按住鼠标左键并拖曳，即可旋转裁剪框，效果如图 2-5 所示。在裁剪框内双击或按 Enter 键，即可完成图像的裁剪，效果如图 2-6 所示。

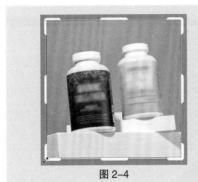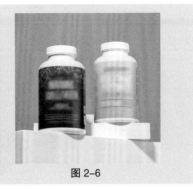

图 2-4　　　　　　　　　　图 2-5　　　　　　　　　　图 2-6

2.1.3　课堂案例——裁剪校正变形的商品

【案例学习目标】使用 Photoshop 中的"透视裁剪"工具 ◫ 裁剪校正变形的商品。

【案例知识要点】使用"透视裁剪"工具 ◫ 校正变形的商品。

【效果所在位置】云盘 \Ch02\2.1.3 课堂案例——裁剪校正变形的商品 \ 工程文件 .psd。

① 按 Ctrl + O 组合键，打开云盘中的"Ch02 > 2.1.3 课堂案例——裁剪校正变形的商品 > 素材 > 01"文件，如图 2-7 所示。

② 选择"透视裁剪"工具 ◫，在图像中按住鼠标左键并拖曳，松开鼠标，绘制出一个裁剪框，以便准确裁剪透视图像，效果如图 2-8 所示。

③ 在按住 Shift 键的同时，分别向中间拖曳裁剪框左上角和右上角的控制点到适当位置，使网格与所需调整的商品图像相对平行，如图 2-9 所示。按 Enter 键确定操作，完成图像的裁剪，效果如图 2-10 所示。

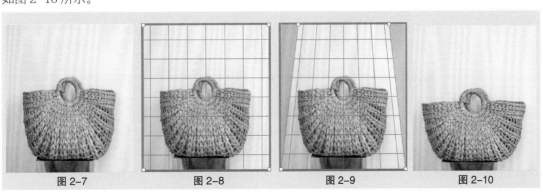

图 2-7　　　　　　　图 2-8　　　　　　　图 2-9　　　　　　　图 2-10

2.2 抠图

抠图是处理商品图片的常见操作，只有将商品图像抠取出来，才可以进行后期的图像合成与设计。抠图的方法非常丰富，可以根据图片的不同情况来选取合适的抠图方法。下面系统讲解抠图的处理基础，帮助读者掌握抠图处理的方法与技巧。

2.2.1 抠图的处理基础

抠图处理用于将图片中的商品图像从背景中分离，以便进行后期的图像合成与设计，如图2-11所示。常见的抠图方法有使用多边形套索工具抠图、使用魔棒工具抠图和使用钢笔工具抠图等。

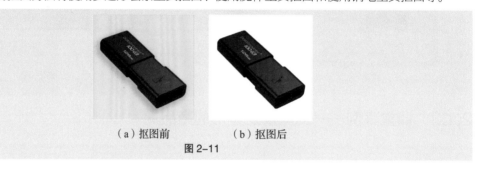

（a）抠图前　　　（b）抠图后

图 2-11

2.2.2 课堂案例——使用多边形套索工具抠图

【案例学习目标】使用 Photoshop 中的"多边形套索"工具 抠出需要的商品图像。

【案例知识要点】使用"多边形套索"工具 抠出需要的商品图像。

【效果所在位置】云盘 \Ch02\2.2.2 课堂案例——使用多边形套索工具抠图 \ 工程文件 .psd。

① 按 Ctrl + O 组合键，打开云盘中的"Ch02 > 2.2.2 课堂案例——使用多边形套索工具抠图 > 素材 > 01"文件，如图 2-12 所示。选择"多边形套索"工具 ，沿着所需图像的边缘绘制选区，如图 2-13 所示。

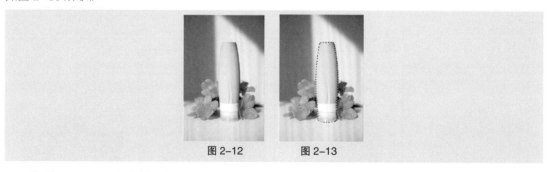

图 2-12　　　　　图 2-13

② 按 Ctrl + C 组合键，复制选区中的图像。按 Ctrl + N 组合键，在弹出的"新建文档"对话框中进行设置，如图 2-14 所示，单击"创建"按钮，新建的文档如图 2-15 所示。

③ 在新建的图像窗口中，按 Ctrl + V 组合键，粘贴复制的图像，抠图完成，如图 2-16 所示。

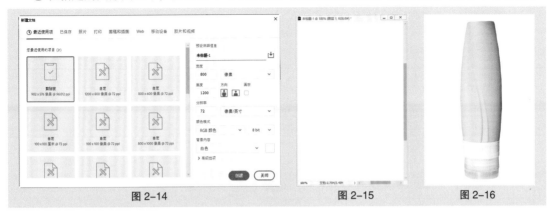

图 2-14　　　　　　　　　　　　　　　图 2-15　　　　　　　图 2-16

2.2.3　课堂案例——使用魔棒工具抠图

【案例学习目标】使用 Photoshop 中的"魔棒"工具 抠出需要的商品图像。

【案例知识要点】使用"魔棒"工具 抠出需要的商品图像。

【效果所在位置】云盘 \Ch02\2.2.3 课堂案例——使用魔棒工具抠图 \ 工程文件 .psd。

① 按 Ctrl + O 组合键，打开云盘中的"Ch02 > 2.2.3 课堂案例——使用魔棒工具抠图 > 素材 > 01"文件，如图 2-17 所示。

② 选择"魔棒"工具 ，在属性栏中单击"添加到选区"按钮 ，将"容差"选项的数值设置为 30，如图 2-18 所示。在图像的灰色背景区域单击，创建选区，如图 2-19 所示。按 Shift+Ctrl+I 组合键，反选选区，如图 2-20 所示。

图 2-17

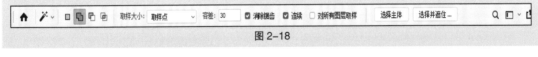

图 2-18

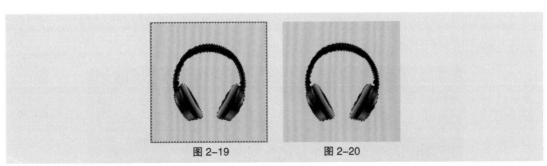

图 2-19　　　　　　　　　　图 2-20

③ 按 Ctrl + C 组合键，复制选区中的图像。按 Ctrl + N 组合键，在弹出的"新建文档"对话框中进行设置，如图 2-21 所示，单击"创建"按钮，新建的文档如图 2-22 所示。

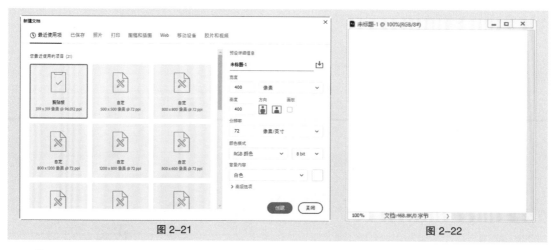

图 2-21　　　　　　　　　　　　　　图 2-22

④ 在新建的图像窗口中，按 Ctrl + V 组合键，粘贴复制的图像，抠图完成，如图 2-23 所示。

图 2-23

2.2.4　课堂案例——使用钢笔工具抠图

【案例学习目标】使用 Photoshop 中的"钢笔"工具 ⬝⬝，抠出需要的商品图像。

【案例知识要点】使用"钢笔"工具 ⬝⬝，抠出需要的商品图像。

【效果所在位置】云盘 \Ch02\2.2.4 课堂案例——使用钢笔工具抠图 \ 工程文件 .psd。

慕课视频

使用钢笔工具
抠图

① 按 Ctrl + O 组合键，打开云盘中的"Ch02 > 2.2.4 课堂案例——使用钢笔工具抠图 > 素材 > 01"文件。选择"钢笔"工具 ⬝⬝，将属性栏中的"选择工具模式"选项设置为"路径"，沿着椅子边缘单击，创建锚点，如图 2-24 所示。继续沿着椅子边缘绘制闭合路径，如图 2-25 所示。按 Ctrl + Enter 组合键，将路径转换为选区，如图 2-26 所示。

图 2-24　　　　　　　　　　　图 2-25　　　　　　　　　　　图 2-26

② 按 Ctrl + C 组合键，复制选区中的图像。按 Ctrl + N 组合键，在弹出的"新建文档"对话框中进行设置，如图 2-27 所示，单击"创建"按钮，新建的文档如图 2-28 所示。

| 图 2-27 | 图 2-28 |

③ 在新建的图像窗口中，按 Ctrl + V 组合键，粘贴复制的图像，抠图完成，如图 2-29 所示。

图 2-29

2.3　调色

　　调色是使商品图片更加清晰明亮、鲜艳夺目的关键操作。商品图片经过调色处理后，能够更好地突出商品质感，从而增强消费者的购买欲望。下面系统讲解调色的处理基础，帮助读者掌握调色处理的方法与技巧。

2.3.1　调色的处理基础

　　调色处理即对由环境光线、相机曝光或白平衡参数设置不当等造成的影调不理想或存在偏色的照片进行色调调整，如图 2-30 所示。常见的调色方法有调整可选颜色、调整色相 / 饱和度和锐化等。

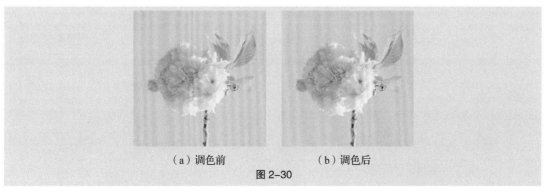

（a）调色前　　　　　　（b）调色后

图 2-30

2.3.2 课堂案例——调整偏色图片

① 按 Ctrl + O 组合键，打开云盘中的"Ch02 > 2.3.2 课堂案例——调整偏色图片 > 素材 > 01"文件，如图 2-31 所示。

图 2-31

② 选择"图像 > 调整 > 可选颜色"命令，弹出"可选颜色"对话框。设置"可选颜色"对话框中的相关选项，如图 2-32 和图 2-33 所示。调整后图片的效果如图 2-34 所示。

图 2-32　　　　　　　　　图 2-33　　　　　　　　　图 2-34

2.3.3 课堂案例——让图片更出色

① 按 Ctrl + O 组合键，打开云盘中的"Ch02 > 2.3.3 课堂案例——让图片更出色 > 素材 > 01"文件，如图 2-35 所示。

图 2-35

② 选择"图像 > 调整 > 色相 / 饱和度"命令，弹出"色相 / 饱和度"对话框，设置如图 2-36 所示。单击"确定"按钮，效果如图 2-37 所示。

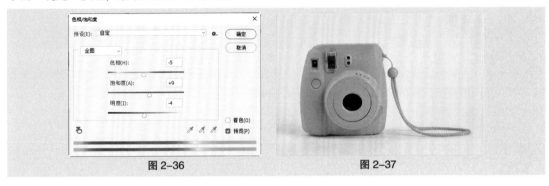

图 2-36　　　　　　　　　　　　　　　图 2-37

2.3.4　课堂案例——让图片更清晰

【案例学习目标】使用 Photoshop 中的"锐化"工具 △.使图片更清晰。

【案例知识要点】使用"锐化"工具 △.使图片更清晰。

【效果所在位置】云盘 \Ch02\2.3.4 课堂案例——让图片更清晰 \ 工程文件 .psd。

① 按 Ctrl + O 组合键，打开云盘中的"Ch02 > 2.3.4 课堂案例——让图片更清晰 > 素材 > 01"文件，如图 2-38 所示。选择"锐化"工具 △.，在属性栏中进行设置，如图 2-39 所示。

图 2-38

图 2-39

② 在图像窗口中按住鼠标左键并拖曳，可使图片产生锐化的效果。锐化后的图片效果如图 2-40 所示。

图 2-40

2.4 修图

修图是用于修复商品瑕疵、突出商品细节的操作。经过修图的商品会在同类商品中拥有更强的竞争力，从而提升消费者的兴趣。下面系统讲解修图的处理基础，帮助读者掌握修图处理的方法与技巧。

2.4.1 修图的处理基础

修图处理用于对图片中的商品图像进行瑕疵的修复、水印的清除等操作，令商品的细节呈现更加精美，如图 2-41 所示。常见的修图方法有使用污点修复画笔工具修复和使用仿制图章工具修复等。

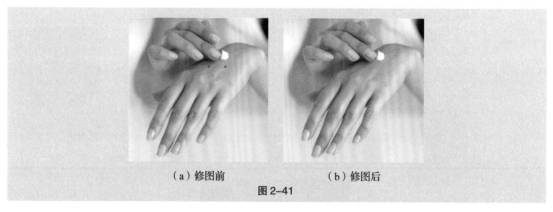

（a）修图前　　　　　　　　　（b）修图后

图 2-41

2.4.2 课堂案例——修复图像瑕疵

【案例学习目标】使用 Photoshop 中的修复工具修复图像瑕疵。

【案例知识要点】使用"污点修复画笔"工具 ✍ 修复图像瑕疵。

【效果所在位置】云盘 \Ch02\2.4.2 课堂案例——修复图像瑕疵 \ 工程文件 .psd。

慕课视频

修复图像瑕疵

① 按 Ctrl + O 组合键，打开云盘中的"Ch02 > 2.4.2 课堂案例——修复图像瑕疵 > 素材 > 01"文件，如图 2-42 所示。

② 选择"污点修复画笔"工具 ，在属性栏中设置画笔的大小为 200 像素，其他选项的设置如图 2-43 所示。在图像中需要修复瑕疵的位置进行涂抹，效果如图 2-44 所示。

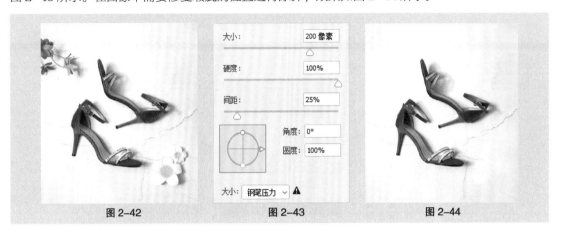

图 2-42　　　　　　　　　　图 2-43　　　　　　　　　　图 2-44

2.4.3　课堂案例——复制取样图像

【案例学习目标】使用 Photoshop 中的修复工具复制取样图像。

【案例知识要点】使用"仿制图章"工具 复制取样图像。

【效果所在位置】云盘 \Ch02\2.4.3 课堂案例——复制取样图像 \ 工程文件 .psd。

① 按 Ctrl + O 组合键，打开云盘中的"Ch02 > 2.4.3 课堂案例——复制取样图像 > 素材 > 01"文件，如图 2-45 所示。

② 选择"仿制图章"工具 ，将鼠标指针移至图像中需要复制取样的位置，按住 Alt 键，鼠标指针变为圆形十字图标 ，如图 2-46 所示，单击以确定取样点，在合适的位置按住鼠标左键并拖曳，复制出取样点及其周围的图像，效果如图 2-47 所示。

图 2-45　　　　　　　　　　图 2-46　　　　　　　　　　图 2-47

2.5 课堂练习——调整曝光不足的商品图片

【案例学习目标】使用 Photoshop 中的调色命令调整曝光不足的商品图片。

【案例知识要点】使用"曲线"命令和"色阶"命令调整曝光不足的商品图片，效果如图 2-48 所示。

图 2-48

【效果所在位置】云盘 \Ch02\2.5 课堂练习——调整曝光不足的商品图片 \ 工程文件 .psd。

2.6 课后习题——增加商品图片的色彩鲜艳度

【案例学习目标】使用 Photoshop 中的调色命令增加商品图片的色彩鲜艳度。

【案例知识要点】使用"色相 / 饱和度"命令、"曲线"命令、"自然饱和度"命令和"色阶"命令增加商品图片的色彩鲜艳度，效果如图 2-49 所示。

图 2-49

【效果所在位置】云盘 \Ch02\2.6 课后习题——增加商品图片的色彩鲜艳度 \ 工程文件 .psd。

03

第3章

网店营销推广图设计

▶ **本章介绍**

　　网店营销推广图片的设计是网店美工的重要工作任务，通常包括主图、直通车图及钻展图的设计。使用精心设计的网店营销推广图，能够增加产品的点击率、转化率。本章针对网店营销推广图的主图设计、直通车图设计及钻展图设计等基础知识进行系统讲解，并针对流行风格及行业的典型网店营销推广图进行设计演练。通过对本章的学习，读者可以对网店营销推广图片的设计有一个系统的认识，并能快速掌握网店营销推广图片的设计规范和制作方法，为以后的店铺趣味海报设计打下基础。

学习目标

● 掌握主图的设计

● 掌握直通车图的设计

● 掌握钻展图的设计

慕课视频

网店营销
推广图设计

3.1 主图设计

主图是消费者能够查看的店铺商品的首要信息。作为传递商品信息的核心，主图只有具有较强的吸引力，才能促使消费者点击浏览商品的相关信息，因此主图视觉效果的好坏在很大程度上影响点击率。下面分别从主图的基本概念和设计要点两个方面进行主图设计的讲解，帮助读者掌握主图的设计方法。

3.1.1 主图的基本概念

主图即商品的展示图，是用于体现商品特色的视觉图。商品主图可以有多张，但最少必须有一张。主图通常位于商品详情页，而第一张主图还可以在搜索页中展示，因此须对其进行重点设计，如图3-1所示。

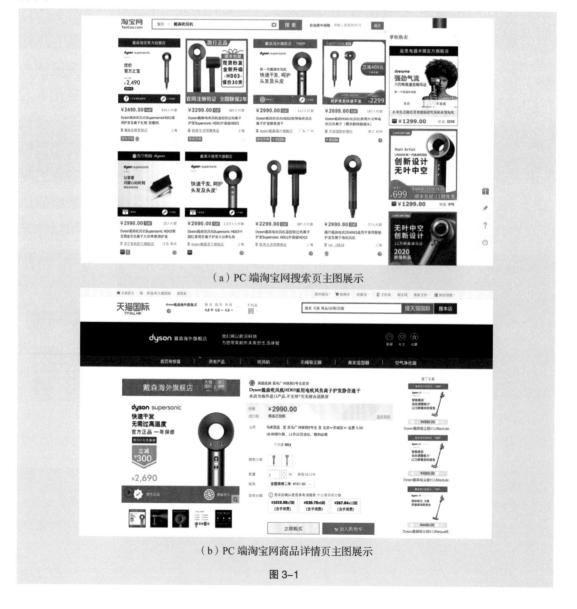

（a）PC端淘宝网搜索页主图展示

（b）PC端淘宝网商品详情页主图展示

图3-1

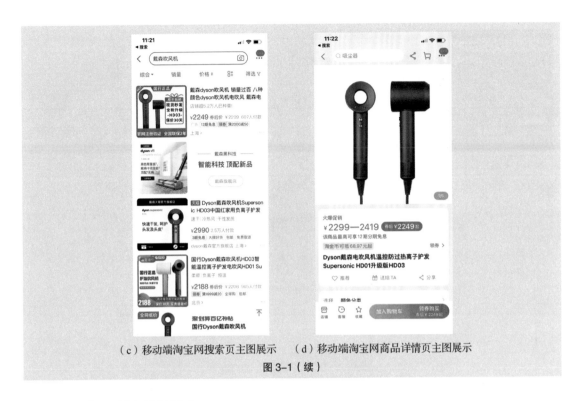

（c）移动端淘宝网搜索页主图展示　　（d）移动端淘宝网商品详情页主图展示

图 3-1（续）

3.1.2　主图的设计要点

主图一定要根据相关的设计要点进行设计，下面对主图的设计要点进行详细讲解。

1. 主图的设计尺寸

主图的设计尺寸分为两种：一种是正主图，尺寸为 800 像素 ×800 像素；另一种是配合主图视频，方便移动端观看的竖图，尺寸为 750 像素 ×1000 像素，如图 3-2 所示。另外，主图的大小必须控制在 500KB 以内。

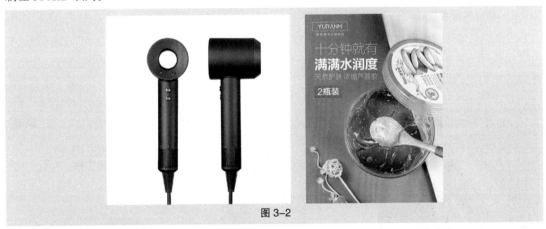

图 3-2

2. 主图的版式构图

主图的常用版式构图有左右构图、上下构图和对角线构图 3 种，如图 3-3 所示。在不影响版式构图的前提下，左右构图和对角线构图中的文字与图片的位置可以根据设计的美观度进行调换。另外，有时会为主图打标，以作推广使用，如图 3-4 所示。

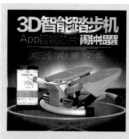
（a）主图上下构图

（b）主图左右构图

（c）主图对角线构图

图 3-3

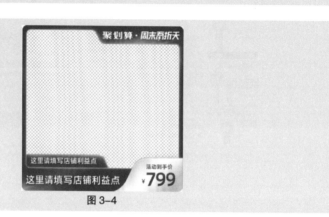

图 3-4

3. 主图的文字层级

在进行主图设计时，主图的文字层级须明确，通常会进行 3 种层级的设计。第一层体现品牌形象。品牌形象通常会用网店的 Logo 来表现，这样既可以加深消费者的印象，又可以防止盗图。第二层提炼商品卖点。商品卖点主要用于体现商品优势，可以是商品的款式、功能和材质，也可以是商品的价格，可以直接打动消费者。第三层展示销售活动。销售活动主要以"抢购"等促销文案让消费者了解销售活动的信息，促销文案要尽量简短、有力、清晰，如图 3-5 所示。

4. 主图的背景设计

主图的背景通常以图片场景或纯色背景为主。图片场景大部分是生活类场景，可以令消费者产生代入感，如图 3-6 所示。纯色背景须使用干净的颜色，不可用大量花哨的颜色，这样可以起到烘托商品的作用，如图 3-7 所示。

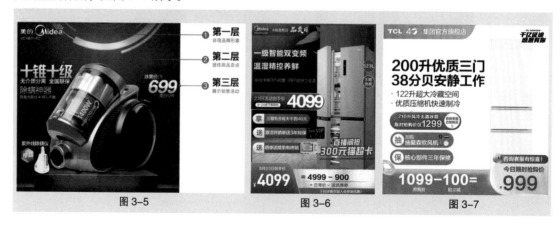

图 3-5

图 3-6

图 3-7

3.1.3 课堂案例——电风扇主图设计

【案例设计要求】

（1）运用 Photoshop 制作主图。

（2）主图的尺寸为 800 像素 ×800 像素。

（3）符合主图设计要点。

【案例学习目标】使用 Photoshop 中的多种工具和命令，制作电风扇主图。

【案例知识要点】使用"矩形"工具 □、"圆角矩形"工具 □、"椭圆"工具 ○ 和"画笔"工具 ✎ 绘制图形，使用"横排文字"工具 T 输入文字，使用"渐变叠加"命令和"投影"命令添加图层样式，使用"高斯模糊"命令添加模糊效果，使用"亮度/对比度"命令调整主图的色调，效果如图 3-8 所示。

【效果所在位置】云盘 \Ch03\3.1.3 课堂案例——电风扇主图设计 \ 工程文件 .psd。

图 3-8

① 按 Ctrl+N 组合键，弹出"新建文档"对话框，在其中设置"宽度"为 800 像素、"高度"为 800 像素、"分辨率"为 72 像素 / 英寸、"颜色模式"为 RGB、"背景内容"为白色，如图 3-9 所示，单击"创建"按钮，新建一个文件。

② 按 Ctrl + O 组合键，打开云盘中的"Ch03 > 3.1.3 课堂案例——电风扇主图设计 > 素材 > 01～03"文件。选择"移动"工具 ✛，将"01""02""03"图像分别拖曳到新建的图像窗口中的适当位置，如图 3-10 所示，在"图层"面板中生成新的图层，将其分别命名为"背景""电扇完整""电扇侧面"。

图 3-9　　　　　　　　　　　　　　　　　图 3-10

③ 在"图层"面板中选中"电扇完整"图层，单击"图层"面板下方的"创建新图层"按钮 ▣，生成新的图层，将其命名为"阴影"，如图 3-11 所示。

④ 选择"椭圆"工具 ○，在属性栏的"选择工具模式"下拉列表中选择"像素"选项，将前景色设置为棕色（94、70、57），在图像窗口中绘制一个椭圆，如图 3-12 所示。选择"滤镜 > 模糊 > 高斯模糊"命令，在弹出的对话框中进行设置，如图 3-13 所示，单击"确定"按钮，虚化电扇底座，效果如图 3-14 所示。

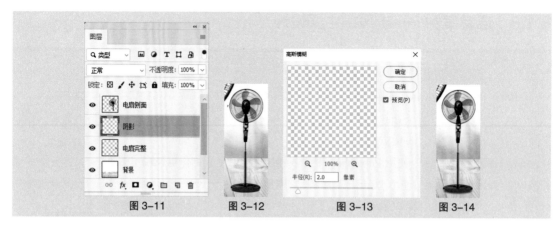

图 3-11　　　　图 3-12　　　　图 3-13　　　　图 3-14

⑤ 单击"图层"面板下方的"添加图层样式"按钮 $fx.$ ，在弹出的菜单中选择"渐变叠加"命令，弹出"图层样式"对话框。在其中单击"渐变"右侧的"点按可编辑渐变"按钮 ，弹出"渐变编辑器"对话框，通过"位置"选项添加 0、100 两个位置点，分别设置两个位置点颜色的 RGB 值为（94、70、57）、（125、101、87），如图 3-15 所示，单击"确定"按钮。返回到"图层样式"对话框，其他设置如图 3-16 所示，单击"确定"按钮，效果如图 3-17 所示。

⑥ 在"图层"面板中，将"阴影"图层拖曳到"电扇完整"图层的下方，如图 3-18 所示。图像效果如图 3-19 所示。

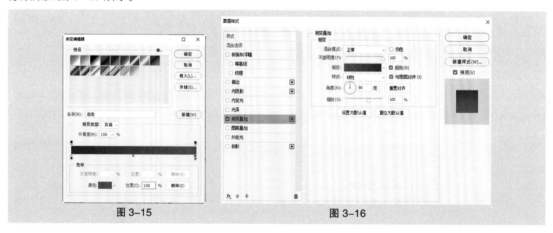

图 3-15　　　　　　　　　　　　　图 3-16

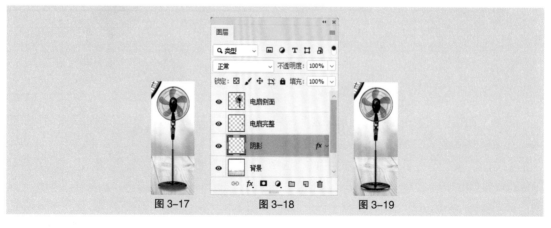

图 3-17　　　　图 3-18　　　　图 3-19

⑦ 在"图层"面板中选中"电扇侧面"图层。按 Ctrl + O 组合键，打开云盘中的"Ch03 > 3.1.3 课堂案例——电风扇主图设计 > 素材 > 04"文件。选择"移动"工具 ⊕，将"04"图像拖曳到新建的图像窗口中的适当位置，并调整角度，如图 3-20 所示，在"图层"面板中生成新的图层，将其命名为"光"。在"图层"面板上方设置混合模式为"滤色"，效果如图 3-21 所示。

⑧ 单击"图层"面板下方的"添加图层蒙版"按钮 ◻，为图层添加图层蒙版。将前景色设置为黑色，按 Alt+Delete 组合键，用前景色填充图层蒙版。选择"画笔"工具 ✎，在属性栏中为画笔设置合适的大小，在图像窗口中进行涂抹，擦除不需要的部分。使用相同的方法制作其他光效，效果如图 3-22 所示。

图 3-20　　　　　　　　图 3-21　　　　　　　　图 3-22

⑨ 在"图层"面板中选中"电扇侧面"图层，单击"图层"面板下方的"创建新的填充或调整图层"按钮 ◒，在弹出的菜单中选择"亮度/对比度"命令，在"图层"面板中生成"亮度/对比度"图层，同时弹出"属性"面板。在其中单击"此调整影响下面的所有图层"按钮 ↵□，使其显示为"此调整剪切到此图层"按钮 ↵□，其他设置如图 3-23 所示；按 Enter 键确定操作，图像效果如图 3-24 所示。使用相同的方法调整其他图层，如图 3-25 所示，效果如图 3-26 所示。

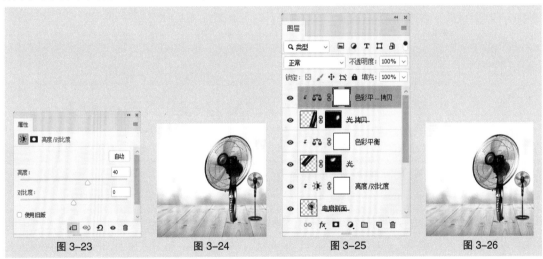

图 3-23　　　　　　图 3-24　　　　　　图 3-25　　　　　　图 3-26

⑩ 按 Ctrl + O 组合键，打开云盘中的"Ch03 > 3.1.3 课堂案例——电风扇主图设计 > 素材 > 05、06"文件。选择"移动"工具 ⊕，将"05"和"06"图像分别拖曳到新建的图像窗口中的适当位置，如图 3-27 所示，在"图层"面板中生成新的图层，分别将其命名为"叶子 1"和"叶子 2"。在"图层"面板中选中"叶子 2"图层，单击"图层"面板下方的"添加图层样式"按钮 ƒx，在弹出的菜单中选择"投影"命令，弹出"图层样式"对话框。在其中设置投影颜色为棕色（90、73、63），其他设置如图 3-28 所示，单击"确定"按钮，效果如图 3-29 所示。

⑪ 在按住 Shift 键的同时，单击"阴影"图层，同时选取需要的图层。按 Ctrl+G 组合键，群组图层并将其命名为"商品"。

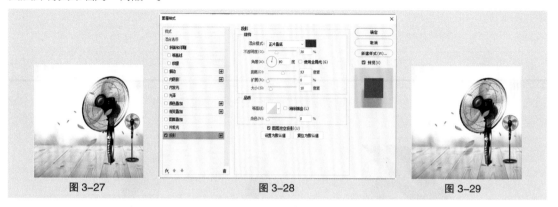

图 3-27　　　　　　　　　　图 3-28　　　　　　　　　　图 3-29

⑫ 选择"横排文字"工具 **T.**，在适当的位置输入需要的文字并选取文字。选择"窗口 > 字符"命令，在弹出的面板中将"颜色"设置为黑色，并设置合适的字体和大小，按 Enter 键确定操作，在"图层"面板中生成新的文字图层。为文字添加渐变叠加效果，效果如图 3-30 所示。

⑬ 选择"圆角矩形"工具 **□.**，在属性栏的"选择工具模式"下拉列表中选择"形状"命令，将填充颜色设置为渐变色，分别设置 0、100 这两个位置点颜色的 RGB 值为（0、242、254）、（1、94、234），其他设置如图 3-31 所示。将描边颜色设置为无，在图像窗口中绘制一个圆角矩形，如图 3-32 所示，在"图层"面板中生成新的形状图层"圆角矩形 1"。

⑭ 在图形上输入文字，设置文字的填充颜色为白色，并设置合适的字体和大小，在"图层"面板中生成新的文字图层，效果如图 3-33 所示。在按住 Shift 键的同时，单击"大风力"图层，将需要的图层同时选取。按 Ctrl+G 组合键，群组图层并将其命名为"特点"。

图 3-30　　　　　　图 3-31　　　　　　图 3-32　　　　　　图 3-33

⑮ 选择"文件 > 置入嵌入对象"命令，弹出"置入嵌入的对象"对话框。选择云盘中的"Ch03 > 3.1.3 课堂案例——电风扇主图设计 > 素材 > 07"文件，单击"置入"按钮，将图像置入图像窗口中。将其拖曳到适当的位置，按 Enter 键确定操作，效果如图 3-34 所示，在"图层"面板中生成新的图层，将其命名为"图标"。

⑯ 选择"移动"工具 **+.**，在按住 Alt+Shift 组合键的同时，垂直向下拖曳图标到适当的位置，复制图标。使用相同的方法再复制一个图标，效果如图 3-35 所示，在"图层"面板中生成新的图层。

⑰ 在图标右侧输入文字，设置文字的填充颜色为黑色，并设置合适的字体和大小，在"图层"面板中生成新的文字图层，效果如图 3-36 所示。在按住 Shift 键的同时，单击"图标"图层，将需要的图层同时选取。按 Ctrl+G 组合键，群组图层并将其命名为"卖点"。

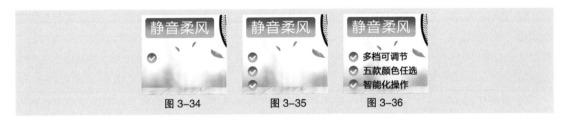

图 3-34 图 3-35 图 3-36

⑱ 选择"矩形"工具 ▢，在属性栏中将填充颜色设置为渐变色，分别设置 0、100 这两个位置点颜色的 RGB 值为（250、26、99）、（251、56、176），其他设置如图 3-37 所示。将描边颜色设置为无，在图像窗口中绘制一个矩形，如图 3-38 所示。使用相同的方法绘制其他矩形，效果如图 3-39 所示，在"图层"面板中分别生成新的形状图层"矩形 1""矩形 2""矩形 3"。

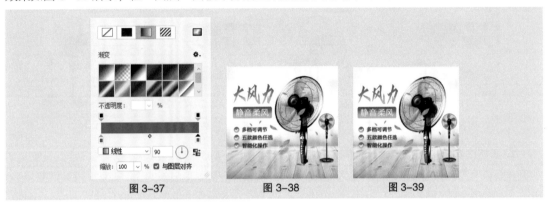

图 3-37 图 3-38 图 3-39

⑲ 选择"圆角矩形"工具 ▢，在图像窗口中绘制一个圆角矩形，在"属性"面板中设置"圆角半径"选项，如图 3-40 所示，效果如图 3-41 所示，在"图层"面板中生成新的形状图层，将其命名为"圆角矩形 2"。选择"直接选择"工具 ▶，在需要的锚点上按住鼠标左键，将其拖曳到适当的位置，如图 3-42 所示。使用相同的方法调整其他锚点，效果如图 3-43 所示。

⑳ 在图形上输入文字，设置文字的填充颜色为白色，并设置合适的字体和大小，在"图层"面板中生成新的文字图层，效果如图 3-44 所示。在按住 Shift 键的同时，单击"矩形 1"图层，将需要的图层同时选取。按 Ctrl+G 组合键，群组图层并将其命名为"领券"。

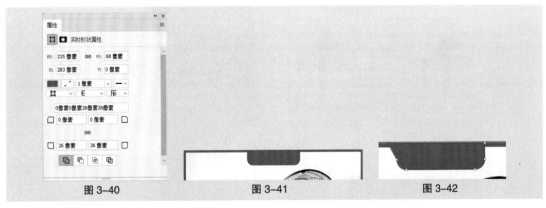

图 3-40 图 3-41 图 3-42

图 3-43 图 3-44

㉑ 选择"矩形"工具 ▢，在属性栏中将填充颜色设置为渐变色，分别设置 0、100 这两个位置点颜色的 RGB 值为（0、236、253）、（1、102、235），如图 3-45 所示。将描边颜色设置为无，在图像窗口中绘制一个矩形，如图 3-46 所示，在"图层"面板中生成新的形状图层，将其命名为"联保矩形"。

㉒ 选择"圆角矩形"工具 ▢，在属性栏中设置"圆角半径"为 10 像素，在图像窗口中绘制一个圆角矩形，在"图层"面板中生成新的形状图层，将其命名为"活动矩形"。在属性栏中将填充颜色设置为渐变色，分别设置 0、100 这两个位置点颜色的 RGB 值为（250、25、96）、（251、61、189），如图 3-47 所示。效果如图 3-48 所示。

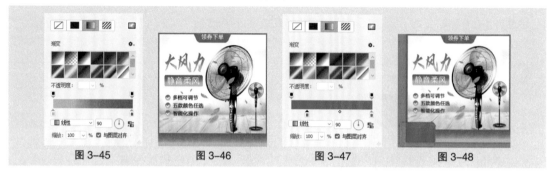

图 3-45　　　　　　图 3-46　　　　　　图 3-47　　　　　　图 3-48

㉓ 调整圆角矩形的锚点并添加阴影效果，效果如图 3-49 所示。在圆形上输入文字，设置文字的填充颜色为白色，并设置合适的字体和大小，在"图层"面板中生成新的文字图层，效果如图 3-50 所示。在按住 Shift 键的同时，单击"联保矩形"图层，将需要的图层同时选取。按 Ctrl+G 组合键，群组图层并将其命名为"价格"。

㉔ 选择"文件 > 导出 > 存储为 Web 所用格式（旧版）"命令，在弹出的对话框中进行设置，如图 3-51 所示，单击"存储"按钮，导出效果图。电风扇主图制作完成。

图 3-49　　　　　　图 3-50　　　　　　　　　图 3-51

3.2　直通车图设计

直通车是可以为商家实现商品精准推广的有效推广方式。通过直通车推广，可以将商品信息推送给潜在消费者，从而增加商品点击率，进而提升商品转化率。下面分别从直通车图的基本概念和设计要点两个方面进行直通车图设计的讲解，帮助读者掌握直通车图的设计方法。

3.2.1　直通车图的基本概念

直通车是一种付费推广方式，与主图不同的是直通车图需要商家付费购买图片的展示位置，以实现产品的推广。直通车图通常位于搜索页和其他高关注、高流量的位置。

1. 搜索页直通车图展位

以淘宝为例，搜索页直通车图展位是位于"掌柜热卖"提示下的 1 ～ 3 个展示位、右侧的 16 个竖向展示位和底部的 5 个横向展示位，如图 3-52 所示。

图 3-52

2. 其他高关注、高流量的直通车图展位

以淘宝为例，其他高关注、高流量的直通车图展位是位于首页下方的"猜我喜欢"展示位、"我的淘宝"页面中的购物车下方展示位、"我的淘宝"里"已买到的宝贝"页面下方的"热卖单品"展示位（见图 3-53）、收藏夹页面底部的展示位和阿里旺旺 PC 端的每日掌柜热卖展示位。

图 3-53

3.2.2　直通车图的设计要点

直通车图的设计要点和主图基本一致，但其推广营销的力度会更大。下面对直通车图的设计要点进行详细讲解。

1. 直通车图的设计尺寸

直通车图的设计尺寸和主图一样，分为两种：一种是常规直通车图，尺寸为 800 像素 ×800 像素；另一种是方便移动端观看的竖图，尺寸为750 像素 ×1000 像素，如图 3-54 所示。

2. 直通车图的版式构图

直通车图的常用版式构图与主图一致，有左右构图、上下构图和对角线构图 3 种，如图 3-55 所示。在不影响版式构图的前提下，左右构图和对角线构图中的文字与图片的位置可以根据设计的美观度进行调换。另外，直通车图和主图一样，有时会打标，起到醒目展示、促销推广的作用。

图 3-54

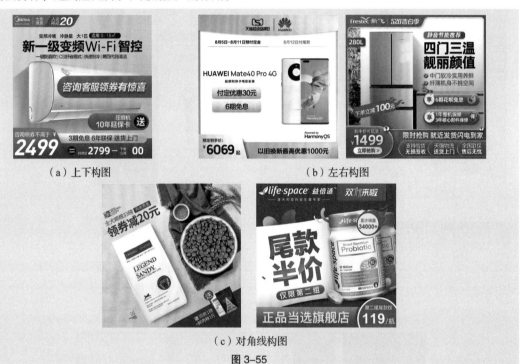

（a）上下构图　　　　　　（b）左右构图

（c）对角线构图

图 3-55

3. 直通车图的文字内容

在进行直通车图设计时，为了提高点击率，需要对其中的文字内容进行提炼设计。如低价产品需要强调产品的价格和销售活动，中高端产品需要强调产品的品质、销量及效果，大品牌产品则需要强调产品的品牌形象，如图 3-56 所示。

图 3-56

Photoshop 网店美工设计（全彩慕课版）

4. 直通车图的设计技巧

直通车图虽然是商家通过付费进行推广的，但商品之间依然存在着强烈的竞争。因此，可以通过一些设计技巧令设计的直通车图从众多图片中脱颖而出。如运用独特的商品图片、醒目的文案和精美的商品搭配等，令直通车图可以快速吸引消费者。需要注意的是，若商品本身的款式吸引力足够强，则使用少量文字和干净的背景凸显商品质感，更能吸引消费者，如图 3-57 所示。

图 3-57

3.2.3 课堂案例——钙片直通车图设计

【案例设计要求】

（1）运用 Photoshop 制作直通车图。

（2）直通车图的尺寸为 800 像素 ×800 像素。

（3）符合直通车图设计要点。

【案例学习目标】使用 Photoshop 中的多种工具和命令，制作钙片直通车图。

【案例知识要点】使用"矩形"工具 □、"椭圆"工具 ○、"圆角矩形"工具 □、"直接选择"工具 ▷、"添加锚点"工具 ⌀ 和"渐变"工具 ■ 绘制图形，使用"横排文字"工具 T 输入文字，使用"渐变叠加"命令添加图层样式，使用"亮度 / 对比度"命令、"高斯模糊"命令和"水平翻转"命令调整钙片直通车图的细节，效果如图 3-58 所示。

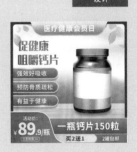

图 3-58

【效果所在位置】云盘 \Ch03\3.2.3 课堂案例——钙片直通车图设计 \ 工程文件 .psd。

① 按 Ctrl+N 组合键，弹出"新建文档"对话框，在其中设置"宽度"为 800 像素、"高度"为 800 像素、"分辨率"为 72 像素 / 英寸、"颜色模式"为 RGB、"背景内容"为白色，如图 3-59 所示，单击"创建"按钮，新建一个文件。

② 按 Ctrl + O 组合键，打开云盘中的"Ch03 > 3.2.3 课堂案例——钙片直通车图设计 > 素材 > 01 ～ 03"文件。选择"移动"工具 ✛，将"01""02""03"图像分别拖曳到新建的图像窗口中的适当位置，如图 3-60 所示，在"图层"面板中生成新的图层，将其分别命名为"山""蓝天""木板"。

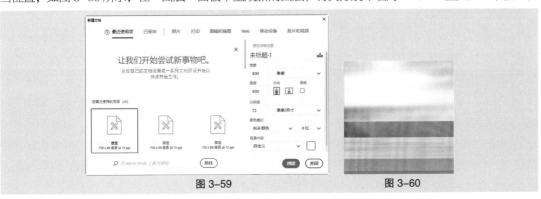

图 3-59   图 3-60

③ 在"图层"面板中选中"蓝天"图层，单击"图层"面板下方的"添加图层蒙版"按钮 ▢，为图层添加图层蒙版。选择"渐变"工具 ▣，单击属性栏中的"点按可编辑渐变"按钮 ▦ ⌄，弹出"渐变编辑器"对话框，将渐变色设置为白色到黑色，如图 3-61 所示。在图像窗口中按住鼠标左键从上向下拖曳，填充渐变色，效果如图 3-62 所示。使用相同的方法调整"山"图层，如图 3-63 所示，效果如图 3-64 所示。

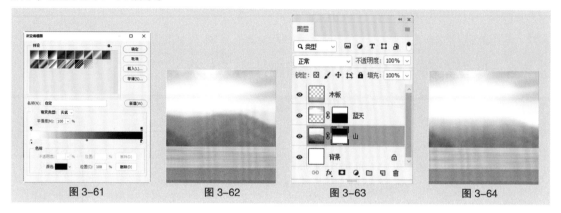

图 3-61   图 3-62   图 3-63   图 3-64

④ 在按住 Shift 键的同时，单击"木板"图层，将需要的图层同时选取。按 Ctrl+G 组合键，群组图层并将其命名为"背景"。

⑤ 按 Ctrl + O 组合键，打开云盘中的"Ch03 > 3.2.3 课堂案例——钙片直通车图设计 > 素材 > 04"文件。选择"移动"工具 ✛，将"04"图像拖曳到新建的图像窗口中的适当位置，如图 3-65 所示，在"图层"面板中生成新的图层，将其命名为"商品"。

⑥ 选择"图像 > 调整 > 亮度 / 对比度"命令，在弹出的"亮度 / 对比度"对话框中进行设置，如图 3-66 所示，单击"确定"按钮，效果如图 3-67 所示。单击"图层"面板下方的"创建新图层"按钮 ▢，生成新的图层，将其命名为"阴影"，如图 3-68 所示。

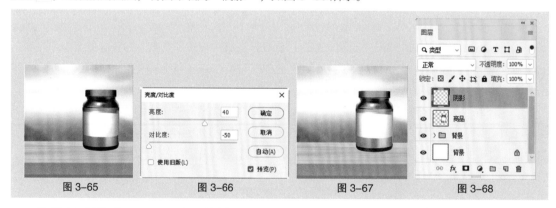

图 3-65   图 3-66   图 3-67   图 3-68

⑦ 选择"椭圆"工具 ◯，在属性栏的"选择工具模式"下拉列表中选择"像素"选项，将前景色设置为墨绿色（106、108、91），在图像窗口中绘制一个椭圆，如图 3-69 所示。选择"滤镜 > 模糊 > 高斯模糊"命令，在弹出的"高斯模糊"对话框中进行设置，如图 3-70 所示，单击"确定"按钮，效果如图 3-71 所示。

⑧ 在"图层"面板中，将"阴影"图层拖曳到"商品"图层的下方，效果如图 3-72 所示。在按住 Shift 键的同时，单击"商品"图层，将需要的图层同时选取。按 Ctrl+G 组合键，群组图层并将其命名为"商品"。

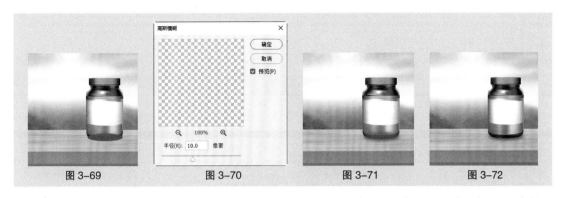

图 3-69   图 3-70   图 3-71   图 3-72

⑨ 按 Ctrl + O 组合键，打开云盘中的"Ch03 > 3.2.3 课堂案例——钙片直通车图设计 > 素材 > 05"文件。选择"移动"工具 ⊕，将"05"图像拖曳到新建的图像窗口中的适当位置，如图 3-73 所示，在"图层"面板中生成新的图层，将其命名为"树叶左"。

⑩ 在按住 Alt+Shift 组合键的同时，水平向右拖曳图像到适当的位置，复制图像，在"图层"面板中生成新的图层，将其命名为"树叶右"。按 Ctrl+T 组合键，图像周围出现变换框，在变换框中单击鼠标右键，在弹出的菜单中选择"水平翻转"命令，将图像水平翻转，按 Enter 键确定操作，效果如图 3-74 所示。

⑪ 按 Ctrl + O 组合键，打开云盘中的"Ch03 > 3.2.3 课堂案例——钙片直通车图设计 > 素材 > 06、07"文件。选择"移动"工具 ⊕，将"06"和"07"图像分别拖曳到新建的图像窗口中的适当位置，如图 3-75 所示，在"图层"面板中生成新的图层，将其分别命名为"光"和"阳光"。

图 3-73   图 3-74   图 3-75

⑫ 在"图层"面板中选中"阳光"图层，在"图层"面板上方设置混合模式为"滤色"，如图 3-76 所示，效果如图 3-77 所示。在按住 Shift 键的同时，单击"树叶左"图层，将需要的图层同时选取。按 Ctrl+G 组合键，群组图层并将其命名为"树叶"，如图 3-78 所示。

⑬ 选择"横排文字"工具 T，在适当的位置输入需要的文字并选取文字。选择"窗口 > 字符"命令，弹出"字符"面板，在其中将"颜色"设置为绿色（16、85、65），并设置合适的字体和大小，按 Enter 键确定操作，效果如图 3-79 所示，在"图层"面板中生成新的文字图层。

⑭ 单击"图层"面板下方的"添加图层样式"按钮 fx，在弹出的菜单中选择"渐变叠加"命令，弹出"图层样式"对话框。在其中单击"渐变"右侧的"点按可编辑渐变"按钮 ▢▾，弹出"渐变编辑器"对话框，通过"位置"选项添加 0、50、100 这 3 个位置点，分别设置这 3 个位置点颜色的 RGB 值为（38、115、87）、（68、157、119）、（38、115、87），如图 3-80 所示，单击"确定"按钮。返回到"图层样式"对话框，其他设置如图 3-81 所示，单击"确定"按钮，效果如图 3-82所示。

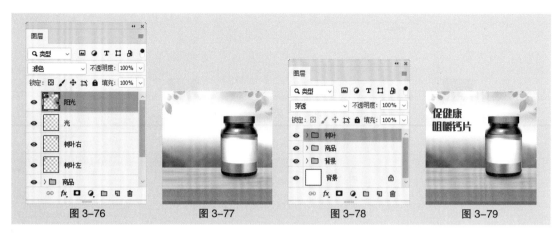

图 3-76　　　　　　　　　图 3-77　　　　　　　　　图 3-78　　　　　　　　　图 3-79

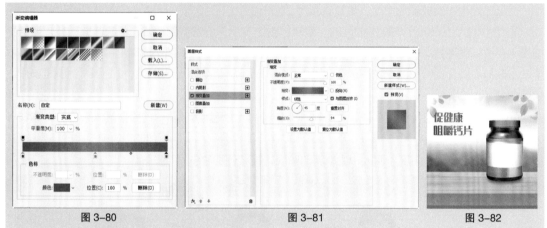

图 3-80　　　　　　　　　　　图 3-81　　　　　　　　　　　图 3-82

　　⑮ 选择"圆角矩形"工具 ◻.，在属性栏的"选择工具模式"下拉列表中选择"形状"选项，将填充颜色设置为深绿色（53、138、108）、描边颜色设置为无，在图像窗口中绘制一个圆角矩形，如图 3-83 所示。在"属性"面板中设置"圆角半径"选项，如图 3-84 所示，效果如图 3-85 所示，在"图层"面板中生成新的形状图层"圆角矩形 1"。

图 3-83　　　　　　　　　　　图 3-84　　　　　　　　　　　图 3-85

　　⑯ 单击"图层"面板下方的"添加图层样式"按钮 fx，在弹出的菜单中选择"渐变叠加"命令，弹出"图层样式"对话框。在其中单击"渐变"右侧的"点按可编辑渐变"按钮 ▭⌄，弹出"渐变编辑器"对话框，通过"位置"选项添加 0、100 两个位置点，分别设置两个位置点颜色的 RGB 值为（38、115、87）、（68、157、119），如图 3-86 所示，其他设置如图 3-87 所示。勾选"描

Photoshop 网店美工设计（全彩慕课版）

40

边"复选框，设置描边颜色为浅黄色（254、240、178），其他设置如图3-88所示。勾选"内发光"复选框，设置内发光颜色为白色，其他设置如图3-89所示。勾选"投影"复选框，设置投影颜色为深绿色（19、59、35），其他设置如图3-90所示，单击"确定"按钮，效果如图3-91所示。

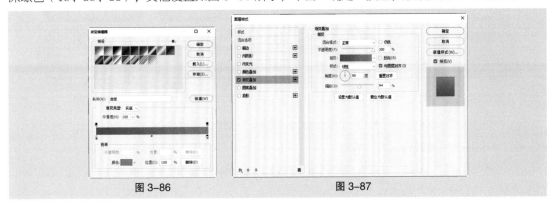

图 3-86   图 3-87

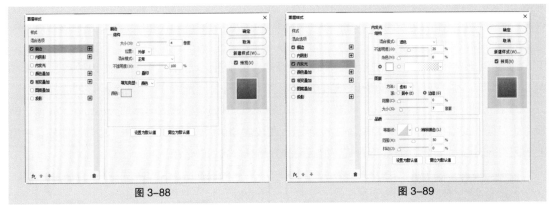

图 3-88   图 3-89

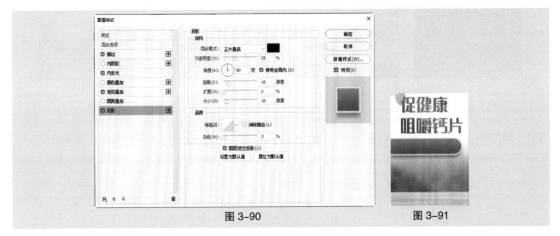

图 3-90   图 3-91

⑰ 选择"移动"工具 ，在按住 Alt+Shift 组合键的同时，垂直向下拖曳图形到适当的位置，复制图形。使用相同的方法再复制一个图形，效果如图3-92所示，在"图层"面板中生成新的图层。在图形上输入文字，设置文字的填充颜色为白色，并设置合适的字体和大小，在"图层"面板中生成新的文字图层，效果如图3-93所示。

⑱ 按 Ctrl + O 组合键，打开云盘中的"Ch03 > 3.2.3 课堂案例——钙片直通车图设计 > 素材 > 08"文件。选择"移动"工具 ，将"08"图像拖曳到新建的图像窗口中的适当位置，如图3-94所示，

在"图层"面板中生成新的图层，将其命名为"光效"。在"图层"面板上方设置图层的混合模式为"滤色"，效果如图 3-95 所示。使用相同的方法再制作一个光效，效果如图 3-96 所示。

图 3-92　　　图 3-93　　　　图 3-94　　　　　图 3-95　　　　　图 3-96

⑲ 在按住 Shift 键的同时，单击"促健康 咀嚼钙片"图层，将需要的图层同时选取。按 Ctrl+G 组合键，群组图层并将其命名为"卖点"。

⑳ 选择"矩形"工具 ▢，在属性栏中将填充颜色设置为墨绿色（16、85、65）、描边颜色设置为无，在图像窗口中绘制一个与页面大小相等的矩形，如图 3-97 所示，在"图层"面板中生成新的形状图层，将其命名为"边框"。选择"圆角矩形"工具 ▢，在属性栏中设置"圆角半径"为 26 像素，单击"路径操作"按钮 ▣，在弹出的下拉列表中选择"减去顶层形状"选项，在适当的位置绘制一个圆角矩形，效果如图 3-98 所示。

㉑ 使用上述的方法绘制其他矩形和圆角矩形，并分别添加渐变叠加和描边效果，效果如图 3-99 所示，在"图层"面板中生成新的形状图层"矩形 2""矩形 3""圆角矩形 2"。

㉒ 在上述的图形上输入文字，设置文字的填充颜色，并设置合适的字体和大小，在"图层"面板中生成新的文字图层，效果如图 3-100 所示。在按住 Shift 键的同时，单击"边框"图层，将需要的图层同时选取。按 Ctrl+G 组合键，群组图层并将其命名为"活动"。

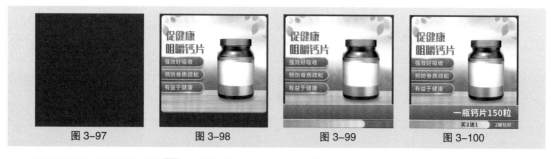

图 3-97　　　　　图 3-98　　　　　　图 3-99　　　　　　图 3-100

㉓ 选择"圆角矩形"工具 ▢，在图像窗口中绘制一个圆角矩形，在"属性"面板中设置"圆角半径"选项，如图 3-101 所示，效果如图 3-102 所示，在"图层"面板中生成新的形状图层"圆角矩形 3"。选择"直接选择"工具 ▸，在需要的锚点上按住鼠标左键，将其拖曳到适当的位置，效果如图 3-103 所示。

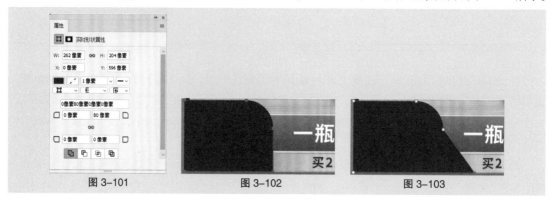

图 3-101　　　　　　图 3-102　　　　　　图 3-103

㉔ 选择"添加锚点"工具 ✐，在图形上单击以添加一个锚点，如图3-104所示。使用相同的方法添加其他锚点，效果如图3-105所示。为图形添加渐变叠加、内阴影和描边效果，效果如图3-106所示。

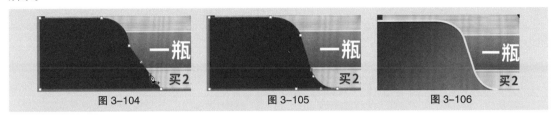

图 3-104　　　　　　　　图 3-105　　　　　　　　图 3-106

㉕ 按Ctrl+J组合键，复制图层，在"图层"面板中生成新的形状图层"圆角矩形3拷贝"。选择"圆角矩形"工具 ▢，在属性栏中设置填充颜色为白色，在"图层"面板中删除图层"圆角矩形 3拷贝"的内阴影和描边效果，并调整其渐变叠加效果，如图3-107所示，在"图层"面板上方设置混合模式为"柔光"、"不透明度"为20%，效果如图3-108所示。

㉖ 在图形上输入文字，设置文字的填充颜色，并设置合适的字体和大小，在"图层"面板中生成新的文字图层，效果如图3-109所示。绘制一个圆角矩形，在"图层"面板中生成新的形状图层"圆角矩形4"，效果如图3-110所示。在按住Shift键的同时，单击"圆角矩形3"图层，将需要的图层同时选取。按Ctrl+G组合键，群组图层并将其命名为"价格"。

图 3-107　　　　　　图 3-108　　　　　　图 3-109　　　　　　图 3-110

㉗ 选择"圆角矩形"工具 ▢，在属性栏中设置填充颜色为中黄色（247、224、169），在图像窗口中绘制一个圆角矩形，在"属性"面板中设置"圆角半径"选项，如图3-111所示，效果如图3-112所示，在"图层"面板中生成新的形状图层，将其命名为"圆角矩形4"。选择"直接选择"工具 ▹，在需要的锚点上按住鼠标左键，将其拖曳到适当的位置，如图3-113所示。使用相同的方法调整其他锚点，效果如图3-114所示。为图形添加渐变叠加、内发光和投影效果，效果如图3-115所示。

㉘ 在图形上输入文字，设置文字的填充颜色为白色，并设置合适的字体和大小，在"图层"面板中生成新的文字图层，效果如图3-116所示。在按住Shift键的同时，单击"圆角矩形4"图层，将需要的图层同时选取。按Ctrl+G组合键，群组图层并将其命名为"会员日"。

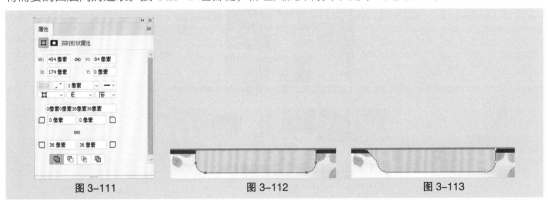

图 3-111　　　　　　　　图 3-112　　　　　　　　图 3-113

图 3-114　　　　　　　　图 3-115　　　　　　　　图 3-116

㉙ 选择"文件 > 存储为 Web 所用格式"命令，在弹出的对话框中进行设置，如图 3-117 所示，单击"存储"按钮，导出效果图。钙片直通车图制作完成。

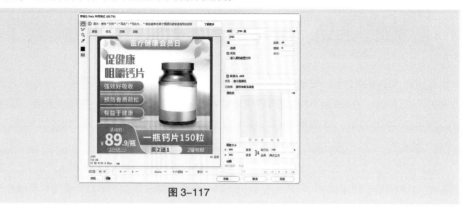

图 3-117

3.3　钻展图设计

钻展图是可以为商家实现店铺曝光及商品推广的有效营销工具。钻展图需要依靠较强的图片创意，才能促使消费者点击跳转，因此钻展图视觉效果的好坏在很大程度上影响着店铺的曝光度。下面分别从钻展图的基本概念和设计要点两个方面进行钻展图设计的讲解，帮助读者掌握钻展图的设计方法。

3.3.1　钻展图的基本概念

钻展图即钻石展位图，是一种强有力的营销方式。钻展图与直通车图一样，需要商家付费购买图片的展示位置，以进行商品、活动甚至是品牌的推广，吸引消费者点击浏览。钻展图通常位于电商平台首页的醒目位置，如图 3-118 所示。

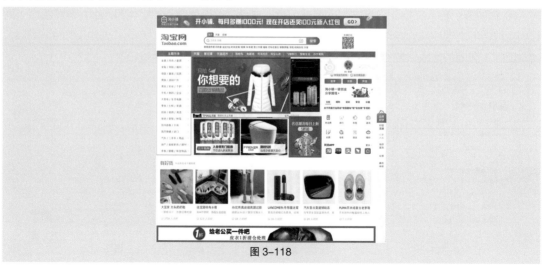

图 3-118

3.3.2　钻展图的设计要点

钻展图是商家常用的推广展示图，可以直接影响店铺的曝光量和浏览量，因此钻展图的质量尤为重要。下面对钻展图的设计要点进行详细讲解。

1. 钻展图的设计尺寸

钻展图的投放位置不同，其尺寸也不同。以淘宝为例，钻展图的常见设计尺寸主要分为以下3类。

（1）首页焦点钻展图

位于淘宝首页上方，是整个淘宝首页的视觉中心；尺寸为520像素×280像素，因为尺寸较大，能够很好地展示商品与文案，所以价格昂贵，如图3-119所示。

（2）首页二焦点钻展图

位于淘宝首页焦点钻展图右下角，是首页一屏的"黄金"位置；尺寸为160像素×200像素，因为尺寸较小，所以主要展示商品，文案要精简，文字的字号要大，如图3-120所示。

图3-119　　　　　　　　　　　图3-120

（3）首页通栏钻展图

位于淘宝首页"有好货"的下方，是首页的重要位置；尺寸为375像素×130像素，尺寸合适，价格适中，性价比较好，在设计时须图文结合，如图3-121所示。

图3-121

2. 钻展图的版式构图

钻展图的版式构图比较丰富，常用的有左右构图、上下构图、居中构图和对角线构图，如图3-122所示。在不影响版式构图的前提下，左右构图和对角线构图中的文字与图片的位置可以根据设计的美观度进行调换。居中构图又可以细分为左中右、上中下、放射性等不同形式的构图。

（a）钻展图左右构图

图3-122

（b）钻展图对角线构图

（c）钻展图居中构图 1

（d）钻展图居中构图 2　　　　　　　（e）钻展图上下构图

图 3-122（续）

3. 钻展图的推广内容

在进行钻展图设计时，为了提高点击率，需要先确定推广内容，然后根据推广内容进行素材和文案的设计。钻展图的推广内容通常分为 3 种。

第一种为推广单品，素材多选择单品图片，文案以产品卖点及促销信息为重点，如图 3-123 所示。

图 3-123

第二种为推广活动或店铺，素材多选择商品的组合形式图片或模特图片，文案以折扣促销信息为重点，如图 3-124 所示。

第三种为推广品牌，素材多选择与品牌相关的图片，文案会弱化促销功能，强化品牌推广功能，如图 3-125 所示。

图 3-124

图 3-125

4. 钻展图的设计技巧

钻展图虽然是商家通过付费进行推广的，但商品之间依然存在着强烈的竞争。因此可以通过一些设计技巧令设计的钻展图更加引人注目。如直接运用商品图片作为背景，简洁醒目，可以快速吸引消费者；或者将文字和商品进行适当的倾斜，令整个画面富有张力，从而吸引消费者，如图 3-126 所示。

图 3-126

3.3.3 课堂案例——生鲜食品钻展图设计

【案例设计要求】

（1）运用 Photoshop 制作钻展图。

（2）钻展图的尺寸为 520 像素 ×280 像素。

（3）符合钻展图设计要点。

【案例学习目标】使用 Photoshop 中的多种工具和命令，制作生鲜食品钻展图。

【案例知识要点】使用"圆角矩形"工具 □，绘制图形，使用"横排文字"工具 T 输入文字，使用"渐变叠加"命令和"投影"命令添加图层样式，使用"色彩平衡"命令和"亮度 / 对比度"命令调整生鲜食品钻展图的色调，效果如图 3-127 所示。

【效果所在位置】云盘 \Ch03\3.3.3 课堂案例——生鲜食品钻展图设计 \ 工程文件 .psd。

慕课视频

生鲜食品
钻展图设计

图 3-127

① 按 Ctrl+N 组合键，弹出"新建文档"对话框，在其中设置"宽度"为 520 像素、"高度"为 280 像素、"分辨率"为 72 像素 / 英寸、"颜色模式"为 RGB、"背景内容"为橘黄色（255、128、48），如图 3-128 所示，单击"创建"按钮，新建一个文件。

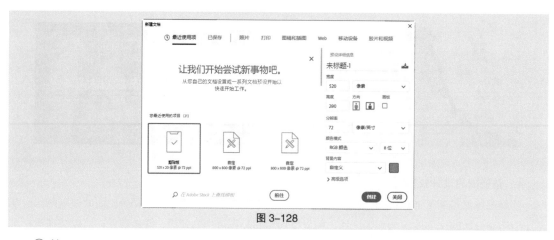

图 3-128

② 按 Ctrl + O 组合键，打开云盘中的"Ch03 > 3.3.3 课堂案例——生鲜食品钻展图设计 > 素材 > 01"文件。选择"移动"工具 ⊕.，将"01"图像拖曳到新建的图像窗口中的适当位置，如图 3-129 所示，在"图层"面板中生成新的图层，将其命名为"底纹"。在"图层"面板上方设置混合模式为"柔光"，如图 3-130 所示，效果如图 3-131 所示。

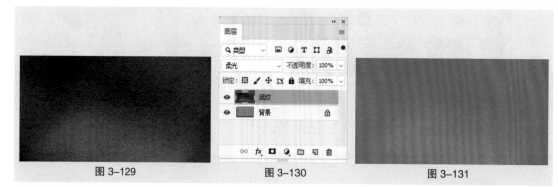

图 3-129   图 3-130   图 3-131

③ 按 Ctrl + O 组合键，打开云盘中的"Ch03 > 3.3.3 课堂案例——生鲜食品钻展图设计 > 素材 > 02、03"文件。选择"移动"工具 ⊕.，将"02"和"03"图像拖曳到新建的图像窗口中的适当位置，在"图层"面板中生成新的图层，将其命名为"鱼"和"辣椒"。

④ 在"图层"面板中选中"鱼"图层，单击"图层"面板下方的"添加图层样式"按钮 fx.，在弹出的菜单中选择"投影"命令，弹出"图层样式"对话框，在其中设置投影颜色为深灰色（72、55、41），其他设置如图 3-132 所示，单击"确定"按钮，效果如图 3-133 所示。

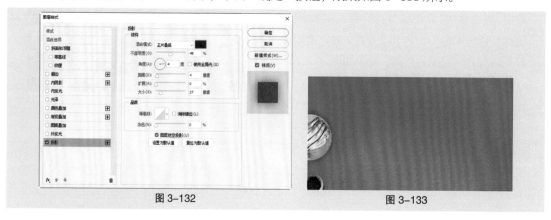

图 3-132   图 3-133

⑤ 使用相同的方法为"辣椒"图层添加投影效果。单击"图层"面板下方的"创建新的填充或调整图层"按钮 ◔，在弹出的菜单中选择"色彩平衡"命令，在"图层"面板中生成"色彩平衡"图层，同时弹出"属性"面板。在其中单击"此调整影响下面的所有图层"按钮 ↵◻，使其显示为"此调整剪切到此图层"按钮 ◻◻，其他设置如图 3-134 所示。按 Enter 键确定操作。

⑥ 单击"图层"面板下方的"创建新的填充或调整图层"按钮 ◔，在弹出的菜单中选择"亮度 / 对比度"命令，在"图层"面板中生成"亮度 / 对比度"图层，同时弹出"属性"面板。在其中单击"此调整影响下面的所有图层"按钮 ↵◻，使其显示为"此调整剪切到此图层"按钮 ◻◻，其他设置如图 3-135 所示。按 Enter 键确定操作，图像效果如图 3-136 所示。

图 3-134　　　　　图 3-135　　　　　图 3-136

⑦ 置入云盘中的"ch03>3.3.3 课堂案例——生鲜食品钻展图设计 > 素材 >04 ～ 18"文件，分别对其进行命名、添加投影效果及调整色调等操作，此时的"图层"面板如图 3-137 所示，效果如图 3-138 所示。

⑧ 在按住 Shift 键的同时，单击"鱼"图层，将需要的图层同时选取。按 Ctrl+G 组合键，群组图层并将其命名为"美食"。

⑨ 选择"横排文字"工具 T.，在适当的位置输入需要的文字并选取文字。选择"窗口 > 字符"命令，弹出"字符"面板，在其中将"颜色"设置为白色，并设置合适的字体和大小，按 Enter 键确定操作，效果如图 3-139 所示。在"图层"面板中生成新的文字图层。

⑩ 单击"图层"面板下方的"添加图层样式"按钮 fx.，在弹出的菜单中选择"渐变叠加"命令，弹出"图层样式"对话框。在其中单击"渐变"右侧的"点按可编辑渐变"按钮 ▨，弹出"渐变编辑器"对话框，通过"位置"选项添加 60、100 两个位置点，分别设置两个位置点颜色的 RGB 值为（255、255、255）、（255、192、153），如图 3-140 所示，单击"确定"按钮。返回到"图层样式"对话框，其他设置如图 3-141 所示，单击"确定"按钮，效果如图 3-142 所示。

⑪ 使用相同的方法输入其他文字，并添加渐变叠加效果，在"图层"面板中生成新的文字图层，效果如图 3-143 所示。在按住 Shift 键的同时，单击"满"图层，将需要的图层同时选取。按 Ctrl+G 组合键，群组图层并将其命名为"标题"。

⑫ 选择"圆角矩形"工具 ◻，在属性栏的"选择工具模式"下拉列表中选择"形状"选项，将填充颜色设置为亮黄色（255、247、1）、描边颜色设置为无、"半径"设置为 40 像素，在图像窗口中绘制一个圆角矩形，如图 3-144 所示，在"图层"面板中生成新的形状图层"圆角矩形 1"。

图 3-137　　　　　　　　　　图 3-138　　　　　　　　　　图 3-139

图 3-140　　　　　　　　　　　　图 3-141

图 3-142　　　　　　　　　　图 3-143

⑬选择"横排文字"工具 **T**.，在适当的位置输入需要的文字并选取文字。在"字符"面板中，将"颜色"设置为橘黄色（255、128、48），并设置合适的字体和大小，按 Enter 键确定操作，如图 3-145 所示。使用相同的方法输入其他文字，效果如图 3-146 所示，在"图层"面板中分别生成新的文字图层。

⑭在按住 Shift 键的同时，单击"标题"图层组，将需要的图层同时选取。按 Ctrl+G 组合键，群组图层并将其命名为"文字"。

图 3-144　　　　　　　　　图 3-145　　　　　　　　　图 3-146

⑮选择"文件 > 存储为 Web 所用格式"命令，在弹出的对话框中进行设置，如图 3-147 所示，单击"存储"按钮，导出效果图。生鲜食品钻展图制作完成。

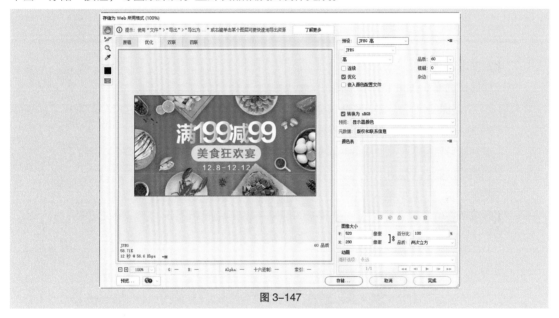

图 3-147

3.4　课堂练习——母婴产品直通车图设计

【案例设计要求】

（1）运用 Photoshop 制作直通车图。

（2）符合直通车图设计要点。

（3）根据参考效果，体现出行业风格。

【案例学习目标】使用 Photoshop 中的多种工具和命令，制作母婴产品直通车图。

慕课视频

母婴产品
直通车图设计

【案例知识要点】使用"矩形"工具 □、"圆角矩形"工具 ○ 和"画笔"工具 ✐ 绘制图形，使用"横排文字"工具 T 输入文字，使用"渐变叠加"命令、"投影命令"及"斜面和浮雕"命令添加图层样式，使用"亮度 / 对比度"命令调整母婴产品直通车图的色调，效果如图 3-148 所示。

【效果所在位置】云盘 \Ch03\3.4 课堂练习——母婴产品直通车图设计 \ 工程文件 .psd。

图 3-148

3.5 课后习题——服装钻展图设计

【案例设计要求】

（1）运用 Photoshop 制作钻展图。

（2）钻展图的尺寸为 520 像素 ×280 像素，并且要符合钻展图设计要点。

（3）根据参考效果，体现出行业风格。

【案例学习目标】使用 Photoshop 中的多种工具和命令，制作服装钻展图。

【案例知识要点】使用"矩形"工具 □、"圆角矩形"工具 ○ 和"多边形"工具绘制图形，使用"横排文字"工具 T 输入文字，使用"变换"命令调整服装钻展图，效果如图 3-149 所示。

【效果所在位置】云盘 \Ch03\3.5 课后习题——服装钻展图设计 \ 工程文件 .psd。

图 3-149

第 4 章

04

店铺海报设计

▶ **本章介绍**

　　店铺海报设计是网店美工设计任务的重中之重，相较于营销推广图，店铺海报更加醒目震撼，精心设计的店铺海报能够令消费者快速了解店铺的活动信息及促销信息。本章针对店铺海报的基本概念及设计要点等基础知识进行系统讲解，并针对流行风格及行业的典型店铺海报进行设计演练。通过对本章的学习，读者可以对店铺海报的设计有一个系统的认识，并能快速掌握店铺海报的设计规范和制作方法，为店铺首页设计打下基础。

学习目标

● 掌握海报的基本概念

● 掌握海报的设计要点

慕课视频

店铺海报设计

4.1　海报的基本概念

网店中的海报有别于传统平面海报，是店铺中的 Banner，用于展示促销活动、重点产品等信息。这些海报通常位于店铺首页和详情页，在最醒目的区域出现，因此其视觉设计非常重要，店铺海报如图 4-1 所示。

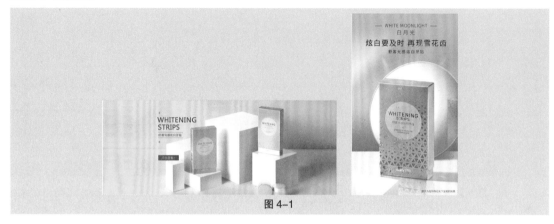

图 4-1

4.2　海报的设计要点

店铺中的海报会直接影响消费者对店铺和商品的第一印象，因此一定要根据相关的设计要点进行设计，下面对海报的设计要点进行详细讲解。

4.2.1　海报的设计尺寸

海报的设计尺寸会根据不同电商平台的规则和商家的具体设计要求而有所区别，常见的设计尺寸主要分为以下 4 类。

（1）PC 端全屏海报

宽度为 1920 像素，高度建议为 500 像素～ 800 像素，常见高度为 500 像素、550 像素、600 像素、650 像素、700 像素、800 像素，如图 4-2 所示。

（2）PC 端常规海报

宽度为 950 像素、750 像素和 190 像素，高度建议在 100 像素～ 600 像素，常用尺寸为 750 像素 ×250 像素和 950 像素 ×250 像素，如图 4-3 所示。

图 4-2　　　　　　　　　　　　　　图 4-3

54

（3）无线端海报

宽度为 1200 像素，高度建议在 600 像素～ 2000 像素，如图 4-4 所示。

（4）详情页商品焦点海报

尺寸通常为 750 像素 ×950 像素或 790 像素 ×950 像素，如图 4-5 所示。

图 4-4　　　　　　　　　　　　　图 4-5

4.2.2　海报的版式构图

海报的版式构图比较丰富，常用的有左右构图、上下构图、左中右构图和对角线构图，如图 4-6 所示。在不影响版式构图的前提下，左右构图中的文字与图片的位置可以根据设计的美观度进行调换。

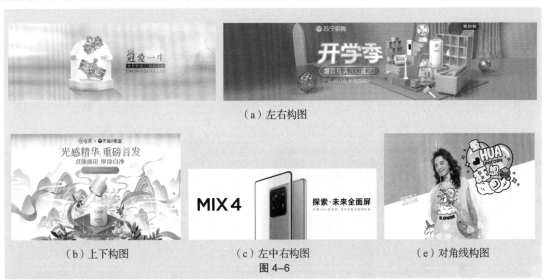

（a）左右构图

（b）上下构图　　　　　（c）左中右构图　　　　　（e）对角线构图

图 4-6

4.2.3　海报的设计形式

在进行海报设计时，可以根据不同的类型进行相应的设计。海报的设计形式大致分为 3 种。第一种是年轻化，颜色大多比较鲜艳，字体为促销钢筋型，如果使用模特，可以选择时尚年轻的模特，模特背景或商品背景多用商品进行点缀，如图 4-7 所示。

第二种是文艺化，颜色多为柔和邻近色，字体为端正优雅型，模特、产品及点缀的颜色与背景色统一，如图 4-8 所示。

图 4-7 　　　　　　　　　　　　　　　　　　图 4-8

第三种是品牌感，配色较少，颜色多接近于品牌色，文案以标语为主，产品摆放具有空间感，如图 4-9 所示。

图 4-9

4.3 课堂案例——护肤产品海报设计

【案例设计要求】

（1）运用 Photoshop 制作海报。

（2）海报的尺寸为 1920 像素 ×600 像素。

（3）符合海报设计要点，体现出行业风格。

【案例学习目标】使用 Photoshop 中的多种工具和命令，制作护肤产品海报。

【案例知识要点】使用"矩形"工具 □、"画笔"工具 ✐、"钢笔"工具 ⌀、"添加锚点"工具 ⌀ 和"直接选择"工具 ▷ 绘制图形，使用"横排文字"工具 T 输入文字，使用"内发光"命令添加图层样式，使用"高斯模糊"命令、"垂直翻转"命令、"曲线"命令及"亮度 / 对比度"命令调整护肤产品海报的细节，效果如图 4-10 所示。

图 4-10

【效果所在位置】云盘 \Ch04\4.3 课堂案例——护肤产品海报设计 \ 工程文件 .psd。

① 按 Ctrl+N 组合键，弹出"新建文档"对话框，在其中设置"宽度"为 1920 像素、"高度"为 600 像素、"分辨率"为 72 像素 / 英寸、"颜色模式"为 RGB、"背景内容"为白色，如图 4-11 所示，单击"创建"按钮，新建一个文件。

② 按 Ctrl + O 组合键，打开云盘中的"Ch04 > 4.3 课堂案例——护肤产品海报设计 > 素材 > 01 ～ 05"文件。选择"移动"工具 ⊕ ，将"01""02""03""04""05"图像分别拖曳到新建的图像窗口中的适当位置，如图 4-12 所示，在"图层"面板中生成新的图层，将其分别命名为"天空""花瓣""窗""桌子""光"。

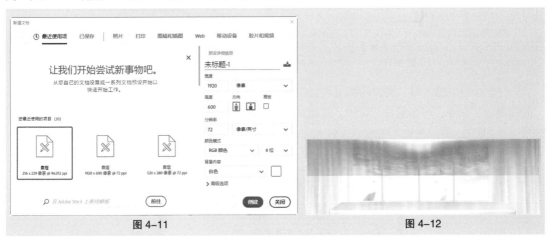

图 4-11 　　　　　　　　　　　　　　　　　　　　　图 4-12

③ 在"图层"面板上方设置"光"图层的混合模式为"柔光"、"不透明度"为 52%，如图 4-13 所示，效果如图 4-14 所示。在按住 Shift 键的同时，单击"天空"图层，将需要的图层同时选取。按 Ctrl+G 组合键，群组图层并将其命名为"背景"。

④ 按 Ctrl + O 组合键，打开云盘中的"Ch04 > 4.3 课堂案例——护肤产品海报设计 > 素材 > 06"文件。选择"移动"工具 ⊕ ，将"06"图像拖曳到新建的图像窗口中的适当位置，如图 4-15 所示，在"图层"面板中生成新的图层，将其命名为"保湿水"。

图 4-13 　　　　　　　　　　　图 4-14 　　　　　　　　　　　图 4-15

⑤ 单击"图层"面板下方的"创建新的填充或调整图层"按钮 ⊘ ，在弹出的菜单中选择"曲线"命令，在"图层"面板中生成"曲线 1"图层，同时弹出"属性"面板。在其中的曲线上单击以添加控制点，将"输入"设置为 110、"输出"设置为 136，单击"此调整影响下面的所有图层"按钮 ↴ ，使其显示为"此调整剪切到此图层"按钮 ↴ ，如图 4-16 所示，图像效果如图 4-17 所示。

⑥ 在"图层"面板中，在按住 Shift 键的同时，单击"保湿水"图层，将需要的图层同时选取。

按 Ctrl+J 组合键，复制图层，在"图层"面板中生成新的图层，将其分别命名为"保湿水 反光"和"曲线 1 拷贝"。将两个图层同时选取并拖曳到"保湿水"图层的下方，如图 4-18 所示。

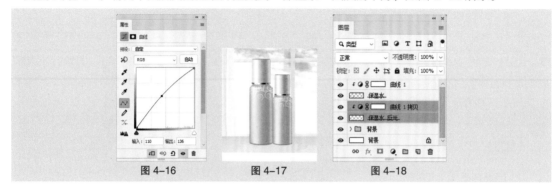

图 4-16　　　　　　图 4-17　　　　　　图 4-18

⑦ 按 Ctrl+T 组合键，图像周围出现变换框，在变换框中单击鼠标右键，在弹出的菜单中选择"垂直翻转"命令，将图像垂直翻转，并将其向下拖曳到适当的位置，按 Enter 键确定操作，效果如图 4-19 所示。在"图层"面板中选中"保湿水 反光"图层，在"图层"面板上方设置图层的"不透明度"为 38%，如图 4-20 所示。效果如图 4-21 所示。

图 4-19　　　　　　图 4-20　　　　　　图 4-21

⑧ 单击"图层"面板下方的"添加图层蒙版"按钮 ▢ ，为图层添加图层蒙版。将前景色设置为黑色，选择"画笔"工具 ✐ ，在属性栏中设置合适的画笔大小，如图 4-22 所示，在图像窗口中进行涂抹，擦除不需要的部分，效果如图 4-23 所示。

⑨ 按 Ctrl + O 组合键，打开云盘中的"Ch04 > 4.3 课堂案例——护肤产品海报设计 > 素材 > 07"文件。选择"移动"工具 ✥ ，将"07"图像拖曳到新建的图像窗口中的适当位置，如图 4-24 所示，在"图层"面板中生成新的图层，将其命名为"花 1"。

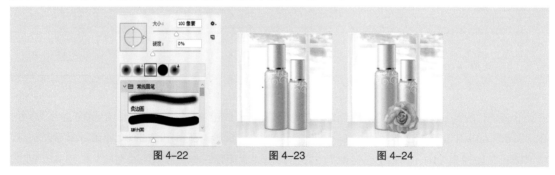

图 4-22　　　　　　图 4-23　　　　　　图 4-24

⑩ 单击"图层"面板下方的"创建新的填充或调整图层"按钮 ◑ ，在弹出的菜单中选择"亮度 / 对比度"命令，在"图层"面板中生成"亮度 / 对比度 1"图层，同时弹出"属性"面板。在其中单

击"此调整影响下面的所有图层"按钮 ，使其显示为"此调整剪切到此图层"按钮 ，其他设置如图 4-25 所示。按 Enter 键确定操作，图像效果如图 4-26 所示。

⑪ 在"图层"面板中，在按住 Shift 键的同时，单击"花 1"图层，将需要的图层同时选取。按Ctrl+J 组合键，复制图层，在"图层"面板中生成新的图层，将其分别命名为"花 1 反光"和"亮度 / 对比度 1 拷贝"。将两个图层同时选取并拖曳到"花 1"图层的下方，如图 4-27 所示。

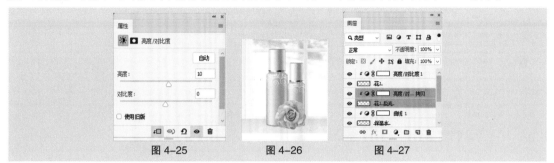

图 4-25   图 4-26   图 4-27

⑫ 按 Ctrl+T 组合键，图像周围出现变换框，在变换框中单击鼠标右键，在弹出的菜单中选择"垂直翻转"命令，将图像垂直翻转，并将其向下拖曳到适当的位置，按 Enter 键确定操作，效果如图 4-28 所示。在"图层"面板中选中"花 1 反光"图层，在"图层"面板上方设置图层的"不透明度"为 38%，如图 4-29 所示，效果如图 4-30 所示。

⑬ 单击"图层"面板下方的"添加图层蒙版"按钮 ，为图层添加图层蒙版。将前景色设置为黑色，选择"画笔"工具 ，在属性栏中设置合适的画笔大小，如图 4-31 所示，在图像窗口中进行涂抹，擦除不需要的部分，效果如图 4-32 所示。

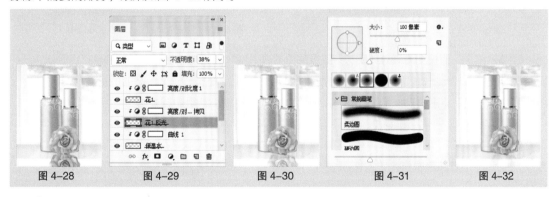

图 4-28   图 4-29   图 4-30   图 4-31   图 4-32

⑭ 置入云盘中的"Ch04>4.3 课堂案例——护肤产品海报设计 > 素材 >08 ～ 10"文件，分别调整图像的色调并为其添加反光效果，在"图层"面板中生成新的图层，对其进行命名，如图 4-33 所示，效果如图 4-34 所示。

⑮ 选择"钢笔"工具 ，在属性栏的"选择工具模式"下拉列表中选择"形状"选项，将填充颜色设置为渐变色，分别设置 0、100 两个位置点的颜色为白色和黑色，其他设置如图 4-35 所示，在图像窗口中的适当位置绘制一个图形，如图 4-36 所示，在"图层"面板中生成新的形状图层，将其命名为"阴影"。在"图层"面板中选中"阴影"图层，在图层上单击鼠标右键，在弹出的菜单中选择"栅格化图层"命令，将形状图层转换为普通图层。

⑯ 选择"滤镜 > 模糊 > 高斯模糊"命令，在弹出的对话框中进行设置，如图 4-37 所示，单击"确定"按钮，效果如图 4-38 所示。

图 4-33　　　　　　　　　　　　　　　　　　　图 4-34

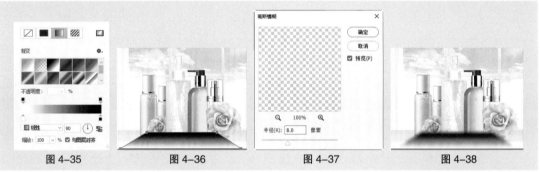

图 4-35　　　　　　图 4-36　　　　　　图 4-37　　　　　　图 4-38

⑰ 在"图层"面板上方设置"阴影"图层的"不透明度"为10%，将该图层拖曳到"保湿水 反光"图层的下方，如图 4-39 所示，图像效果如图 4-40 所示。在按住 Shift 键的同时，单击"亮度 /对比度 4"图层，将需要的图层同时选取。按 Ctrl+G 组合键，群组图层并将其命名为"产品"。

⑱ 选择"横排文字"工具 **T**，在适当的位置输入需要的文字并选取文字。选择"窗口 > 字符"命令，弹出"字符"面板，在其中将"颜色"设置为深灰色（61、57、53），并设置合适的字体和大小，按 Enter 键确定操作，效果如图 4-41 所示，在"图层"面板中生成新的文字图层。

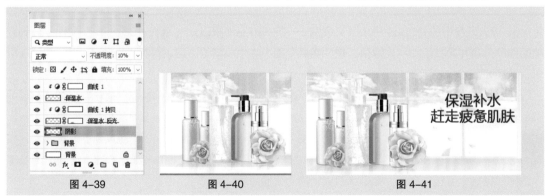

图 4-39　　　　　　　　　图 4-40　　　　　　　　　图 4-41

⑲ 选择"矩形"工具 口，在属性栏的"选择工具模式"下拉列表中选择"形状"选项，将填充颜色设置为渐变色，添加 0、50、100 这 3 个位置点，分别设置 3 个位置点颜色的 RGB 值为

（230、0、18）、（243、40、54）、（230、0、18），其他设置如图 4-42 所示。将描边颜色设置为无，在图像窗口中绘制一个矩形，如图 4-43 所示，在"图层"面板中生成新的形状图层"矩形 1"。

㉚ 选择"添加锚点"工具 ☑️，在矩形上单击，添加一个锚点，如图 4-44 所示。选择"直接选择"工具 ▷，在需要的锚点上按住鼠标左键，将其水平向右拖曳到适当的位置，如图 4-45 所示。使用相同的方法再添加一个锚点并调整其位置，按 Enter 键确定操作，效果如图 4-46 所示。

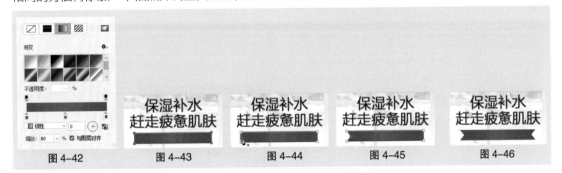

图 4-42   图 4-43   图 4-44   图 4-45   图 4-46

㉑ 单击"图层"面板下方的"添加图层样式"按钮 fx，在弹出的菜单中选择"内发光"命令，弹出"图层样式"对话框，在其中设置内发光颜色为白色，其他设置如图 4-47 所示，单击"确定"按钮，效果如图 4-48 所示。

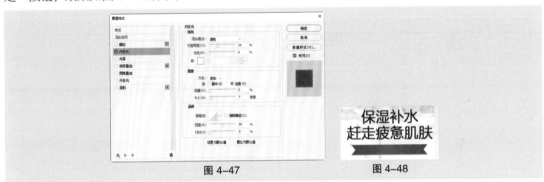

图 4-47   图 4-48

㉒ 输入其他文字，分别设置文字的填充颜色为白色和深灰色（61、57、53），并分别设置合适的字体和大小，在"图层"面板中分别生成新的文字图层，效果如图 4-49 所示。在按住 Shift 键的同时，单击"保湿补水 赶走疲惫肌肤"图层，将需要的图层同时选取。按 Ctrl+G 组合键，群组图层并将其命名为"文字"。

㉓ 选择"文件 > 导出 > 存储为 Web 所用格式（旧版）"命令，在弹出的对话框中进行设置，如图 4-50 所示，单击"存储"按钮，导出效果图。护肤产品海报制作完成。

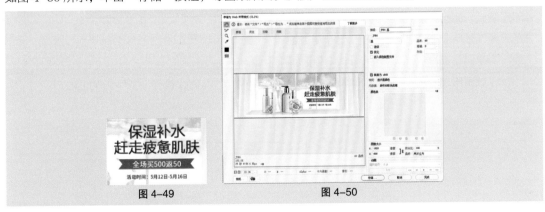

图 4-49   图 4-50

4.4 　课堂练习——空调海报设计

【案例设计要求】

（1）运用 Photoshop 制作海报。

（2）海报的尺寸为 1920 像素 ×600 像素，并且符合海报设计要点。

（3）根据参考效果，体现出行业风格。

【案例学习目标】使用 Photoshop 中的多种工具和命令，制作空调海报。

【案例知识要点】使用"矩形"工具 □、"圆角矩形"工具 □、"椭圆"工具 ○ 绘制图形，使用"横排文字"工具 T 输入文字，使用"高斯模糊"命令制作阴影模糊效果，效果如图4-51所示。

图 4-51

【效果所在位置】云盘 \Ch04\4.4 课堂练习——空调海报设计 \ 工程文件 .psd。

4.5 　课后习题——果汁饮品海报设计

【案例设计要求】

（1）运用 Photoshop 制作海报。

（2）海报的尺寸为 750 像素 ×390 像素，并且符合海报设计要点。

（3）根据参考效果，体现出行业风格。

【案例学习目标】使用 Photoshop 中的多种工具和命令，制作果汁饮品海报。

【案例知识要点】使用"矩形"工具 □、"画笔"工具 ✐、"钢笔"工具 ∅ 和"渐变"工具 ■ 绘制图形，使用"横排文字"工具 T 输入文字，使用"渐变叠加"命令和"投影"命令添加图层样式，使用"添加图层蒙版"命令隐藏不需要的图像，使用"高斯模糊"命令、"亮度 / 对比度"命令及"曲线"命令调整果汁饮品海报的色调，效果如图 4-52 所示。

图 4-52

【效果所在位置】云盘 \Ch04\4.5 课后习题——果汁饮品海报设计 \ 工程文件 .psd。

第 5 章

05

PC 端店铺首页设计

▶ **本章介绍**

　　PC 端店铺首页设计是网店美工设计任务中的综合型
工作任务，精心设计的 PC 端店铺首页能够向消费者传达
品牌感和信任感。本章针对 PC 端店铺首页的基本概念及
设计模块等基础知识进行系统讲解，并针对流行风格及行
业的典型 PC 端店铺首页进行设计演练。通过对本章的学
习，读者可以对 PC 端店铺首页的设计有一个系统的认识，
并能快速掌握 PC 端店铺首页的设计规范和制作方法，成
功制作出具有品牌影响力的 PC 端店铺首页。

学习目标

- 掌握首页的基本概念
- 掌握首页的设计模块

慕课视频

PC 端店铺
首页设计

5.1 首页的基本概念

店铺首页是消费者进入店铺看到的第一张展示页面，具有展现品牌气质、承担流量分发的功能。精美的首页不但可以提升消费者对店铺的好感，还可以提高商品转化率，因此需要用心设计首页，如图 5-1 所示。

（a）首页上边部分

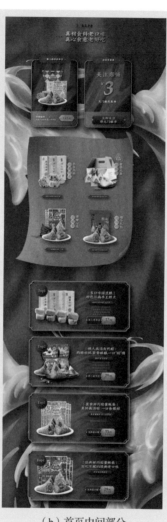

（b）首页中间部分

（c）首页下边部分

图 5-1

5.2 首页的设计模块

PC 端店铺首页的宽度为 1920 像素，高度不限，其设计可以根据商家的需要和后台装修模块进行组合变化。首页的核心模块通常由店招和导航、轮播海报、优惠券、分类模块、商品展示和底部信息构成，如图 5-2 所示。

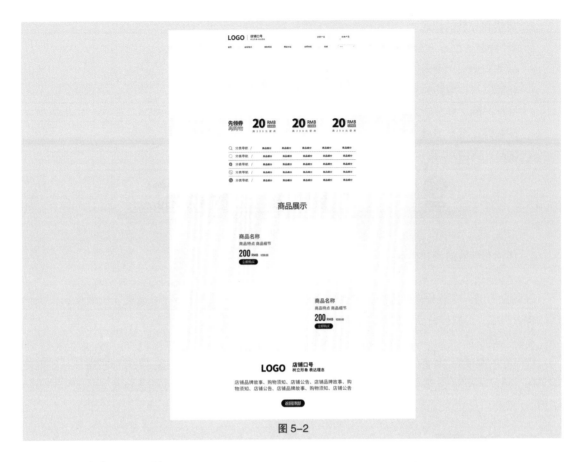

图 5-2

5.2.1　店招和导航

店招与导航位于店铺页面顶部，是店铺的门面，并展示整个店铺的风格，因此其设计需要新颖别致。下面对店招和导航的设计知识进行详细讲解。

1. 店招和导航的基本概念

店招与导航位于店铺页面顶部，在 PC 端店铺的任何页面都可以看到。店招即店铺的招牌，主要用于展示店铺品牌、活动内容和特价商品等内容。好的店招会起到宣传品牌、加深印象的作用。导航则用于对商品进行分类，帮助消费者定位到当前位置、完成页面之间的跳转并快速找到商品，如图 5-3 所示。

图 5-3

2. 店招和导航的构成

店招和导航可由5部分构成，如图5-4所示。

- 品牌Logo：用于进行品牌展示。
- 店铺口号：帮助树立品牌形象。
- 推荐产品：推荐新款或热卖产品。
- 搜索框：用于搜索网店的产品。
- 导航：提供网店引导。

图5-4

3. 店招和导航的设计要点

（1）店招

以淘宝为例，可以分为常规店招和通栏店招两类，常规店招尺寸为950像素×120像素，通栏店招包含店招、导航和背景，尺寸通常为1920像素×150像素。

（2）导航栏

导航栏的高度为10像素~50像素，建议为30像素；导航栏的字体建议为黑体或宋体，如果使用黑体，建议字号为14像素或16像素，如果使用宋体，建议字号为12像素或14像素；文字间距建议为20像素。

5.2.2 轮播海报

轮播海报位于首页店招与导航栏下方，是店铺首页中非常醒目的部分，同时也是首页设计的重中之重。下面对轮播海报的设计知识进行详细讲解。

1. 轮播海报的基本概念

轮播海报即循环播放的多张海报，通常位于首页店招和导航栏下方，主要用于进行产品宣传和活动促销等。精美的轮播海报会对每张海报的主题、构图和配色等进行综合考虑和设计，如图5-5所示。

图5-5

2. 轮播海报的构成

轮播海报可由5部分构成，如图5-6所示。

- 文字：用于进行信息传达。
- 产品：帮助宣传相关产品。
- 模特：快速吸引消费者的眼球。
- 点缀：起到丰富画面的作用。
- 背景：起到衬托产品的作用。

图 5-6

3. 轮播海报的设计要点

轮播海报可以依据 4.2.1 小节中的 PC 端全屏海报和 PC 端常规海报进行设计。其他设计规则可以参考 4.2.2 小节中海报的版式构图和 4.2.3 小节中海报的设计形式。

5.2.3 优惠券

优惠券位于首页轮播海报的下方，如果商家开通了店铺优惠券功能，则可以对优惠券进行个性化设计。下面对优惠券的设计知识进行详细讲解。

1. 优惠券的基本概念

优惠券通常位于首页轮播海报的下方，发放优惠券是店铺常用的促销方式，可以吸引消费者进行消费。优惠券可以起到增强购买欲望、刺激消费的作用，如图 5-7 所示。

图 5-7

2. 优惠券的构成

优惠券一般由优惠数额和满减条件组成，如图 5-8 所示。
- 优惠数额：吸引消费者，刺激消费。
- 满减条件：适合具有不同需求的消费者。

3. 优惠券的设计要点

优惠券的数额一定要突出醒目，而满减条件建议使用黑体小字，这样在刺激消费者消费的同时，也可以保证商家自身的利润。

图 5-8

5.2.4 分类模块

分类模块位于首页轮播海报或优惠券的下方，后台装修的分类模块只能以纯文本形式显示，视觉效果单一枯燥，因此可以根据店铺风格制作出美观的分类模块。下面对分类模块的设计知识进行详细讲解。

1．分类模块的基本概念

分类模块用于展示店铺商品的类别，通常位于首页轮播海报或优惠券的下方，是引导消费者购买商品的重要模块。优秀的分类模块会起到提升商品转化率、加强消费者体验的作用，如图5-9所示。

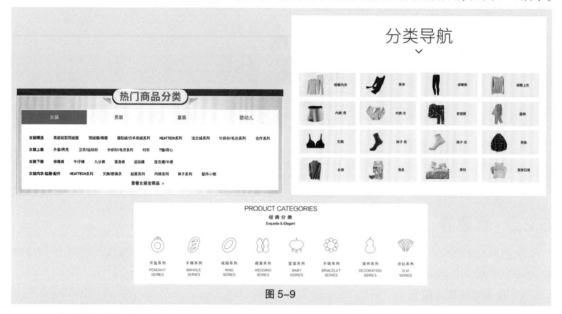

图5-9

2．分类模块的构成

（1）文本

帮助进行信息识别，用于文本型分类区，如图5-10所示。

（2）图标

帮助进行信息识别，用于图标型分类区，如图5-11所示。

图5-10   图5-11

（3）图片

帮助进行信息识别，用于图片型分类区，如图5-12所示。

3．分类模块的设计要点

分类模块的设计需要符合店铺的整体装修风格。分类模块的字体为黑体或粗宋体，图标风格需要统一，如果图片进行横向分类，则其宽度应该控制在950像素以内，纵向分类高度应该控制

图5-12

在 150 像素以内。另外，图标、图片与文案应该相互呼应。

5.2.5　商品展示

　　商品展示位于首页优惠券或分类模块的下方，可以将店铺想要推荐的商品向消费者直接展示。下面对商品展示的设计知识进行详细讲解。

1．商品展示的基本概念

　　商品展示即商品的展示区域，通常位于首页优惠券或分类模块的下方，是用于向消费者展示热卖商品、新款商品和推荐商品等内容的模块。优秀的商品展示模块可以起到引导消费者购买商品、促进商品销售的作用，如图 5-13 所示。

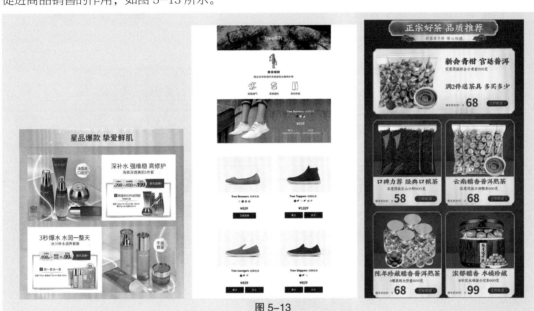

图 5-13

2．商品展示的构成

商品展示可由 4 部分构成，如图 5-14 所示。

- 展示标题：商品展示区的整体概括。
- 商品内容：商品展示区的核心部分。
- 关联素材：丰富商品展示区的内容。
- 整体背景：起到衬托产品的作用。

3．商品展示的设计要点

　　商品展示区的设计形式通常是图形形式、图片形式或文案形式，如图 5-15 所示。商品展示区域的商品需要选择店铺中美观且有代表性的商品，除此之外，还可以选择临近下架的商品。其中的素材和整体背景需要相互搭配，并且要符合店铺的风格。

　　另外，商品展示区的布局通常是整体模块布局、主次模块布局或自由模块布局，如图 5-16 所示。

图 5-14

  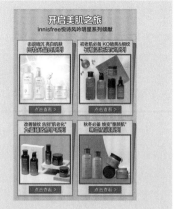

图 5-15

（a）整体模块布局

（b）主次模块布局

（c）自由模块布局

图 5-16

5.2.6 底部信息

底部信息位于店铺首页的底部，虽然位于底部，却是首页不可缺少的部分，下面对底部信息的设计知识进行详细讲解。

1. 底部信息的基本概念

底部信息通常位于首页的最下方，用于展示店铺品牌故事、购物须知和店铺公告等信息。优秀的底部信息可以起到补充说明、挽留消费者的作用，如图 5-17 所示。

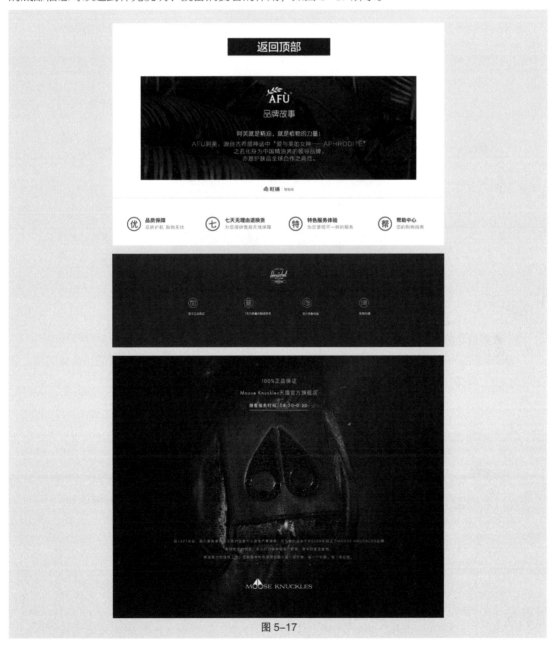

图 5-17

2. 底部信息的构成

底部信息由 5 部分构成，如图 5-18 所示。

- 品牌文化：展示品牌标志、品牌故事或品牌广告语，加深消费者对品牌的印象，如图 5-18 所示。

- 相关服务：包括发货须知、正品保障等信息，可以帮助消费者快速解决购买过程中遇到的常见问题，如图 5-18 所示。

- 返回顶部：以链接形式出现，当页面过长时，单击该链接即可返回页面顶部，如图 5-18 所示。

- 底部导航：便于消费者对商品进行选择。

- 收藏和分享店铺链接：可以方便消费者收藏店铺或分享店铺链接，从而留住消费者。

图 5-18

3. 底部信息的设计要点

底部信息在为消费者提供方便的同时体现出店铺的服务。底部信息的整体布局应简洁明确，需使用简短的文字和具有代表性的图标来传递相关的信息。

5.3 课堂案例——家具产品首页设计

【案例设计要求】

（1）运用 Photoshop 制作首页。

（2）首页的尺寸为 1920 像素 ×7728 像素。

（3）符合首页设计要点，体现出行业风格。

【案例学习目标】使用 Photoshop 中的多种工具和命令，制作家具产品首页。

【案例知识要点】使用"矩形"工具 □、"椭圆"工具 ○、"圆角矩形"工具 □ 和"直线"工具 ／ 绘制图形，使用"横排文字"工具 T 输入文字，使用"置入嵌入对象"命令置入文件，使用"新建参考线"命令创建参考线，使用"对齐"命令调整家具产品首页，效果如图 5-19 所示。

【效果所在位置】云盘 \Ch05\5.3 课堂案例——家具产品首页设计 \ 工程文件 .psd。

图 5-19

慕课视频

家具产品首页
设计 1

慕课视频

家具产品首页
设计 2

扩展阅读

完整高清图

① 按 Ctrl+N 组合键，弹出"新建文档"对话框，在其中设置"宽度"为 1920 像素、"高度"为 7728 像素、"分辨率"为 72 像素 / 英寸、"颜色模式"为 RGB、"背景内容"为白色，如图 5-20 所示，单击"创建"按钮，新建一个文件。

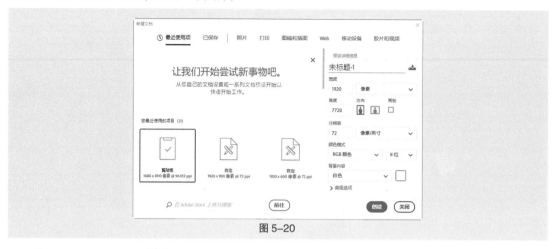

图 5-20

② 选择"矩形"工具 □ ，在属性栏的"选择工具模式"下拉列表中选择"形状"选项，将填充颜色设置为黑色、描边颜色设置为无。在图像窗口中的适当位置绘制一个矩形，在"图层"面板中生成新的形状图层"矩形 1"。选择"窗口 > 属性"命令，弹出"属性"面板，在面板中进行设置，如图 5-21 所示，效果如图 5-22 所示。

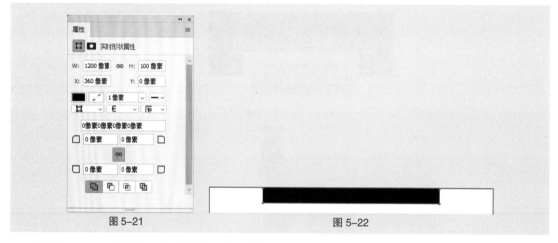

图 5-21　　　　　　　　　　　　　　　　　图 5-22

③ 按 Ctrl+R 组合键，显示标尺。选择"视图 > 对齐到 > 全部"命令。在图像窗口中的左侧标尺上按住鼠标左键并水平向右拖曳，在矩形左侧锚点的位置松开鼠标，完成参考线的创建，效果如图 5-23 所示。使用相同的方法，在矩形右侧锚点的位置创建一条参考线，效果如图 5-24 所示。

图 5-23　　　　　　　　　　　　　　　　　图 5-24

④ 按 Ctrl+T 组合键，图形周围出现变换框，如图 5-25 所示。在图像窗口中的左侧标尺上按住鼠标左键并水平向右拖曳，在矩形中心点的位置松开鼠标，完成参考线的创建，效果如图 5-26 所示。按 Enter 键确定操作，在"图层"面板中选中"矩形 1"图层，按 Delete 键将其删除。

图 5-25　　　　　　　　　　　　　　　图 5-26

⑤ 选择"视图 > 新建参考线"命令，弹出"新建参考线"对话框，在 120 像素的位置创建水平参考线，对话框中的设置如图 5-27 所示。单击"确定"按钮，完成参考线的创建。

⑥ 选择"文件 > 置入嵌入对象"命令，弹出"置入嵌入的对象"对话框，选择云盘中的"Ch05 > 5.3 课堂案例——家具产品首页设计 > 素材 > 01"文件，单击"置入"按钮，将图片置入图像窗口中。将其拖曳到适当的位置，按 Enter 键确定操作，在"图层"面板中生成新的图层，将其命名为"logo"，效果如图 5-28 所示。

图 5-27　　　　　　　　　　　　　图 5-28

⑦ 选择"直线"工具 ╱，在属性栏的"选择工具模式"下拉列表中选择"形状"选项，将填充颜色设置为无、描边颜色设置为土黄色（200、143、63）、"粗细"设置为 2 像素。在按住 Shift 键的同时，在适当的位置绘制直线，如图 5-29 所示，在"图层"面板中生成新的形状图层"形状 1"。

⑧ 选择"横排文字"工具 T，在适当的位置输入需要的文字并选取文字。选择"窗口 > 字符"命令，打开"字符"面板，在其中将"颜色"设置为浓灰色（1、1、1），其他设置如图 5-30 所示，按 Enter 键确定操作。使用相同的方法在适当的位置输入其他文字并选取文字，在"字符"面板中将"颜色"设置为灰蓝色（124、134、141），其他设置如图 5-31 所示，效果如图 5-32 所示，在"图层"面板中生成新的文字图层。

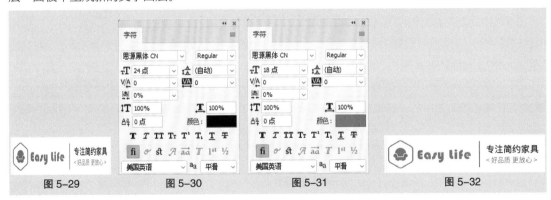

图 5-29　　　　　图 5-30　　　　　图 5-31　　　　　图 5-32

⑨ 选择"圆角矩形"工具 ▭，在属性栏中将填充颜色设置为无、描边颜色设置为深灰色（89、89、89）、"半径"设置为 15 像素、"粗细"设置为 1 像素，在图像窗口中绘制一个圆角矩形，如图 5-33 所示，在"图层"面板中生成新的形状图层"圆角矩形 1"。

⑩ 选择"文件 > 置入嵌入对象"命令，弹出"置入嵌入的对象"对话框，选择云盘中的"Ch05 > 5.3 课堂案例——家具产品首页设计 > 素材 > 02"文件，单击"置入"按钮，将图片置入图像窗口中。将其拖曳到适当的位置，按 Enter 键确定操作，在"图层"面板中生成新的图层，将

其命名为"心"，效果如图 5-34 所示。

⑪ 选择"横排文字"工具 T.，在适当的位置输入需要的文字并选取文字。在"字符"面板中设置文字的填充颜色为浓灰色（1、1、1），并设置合适的字体和大小，在"图层"面板中生成新的文字图层，效果如图 5-35 所示。

图 5-33　　　　　　　　图 5-34　　　　　　　　图 5-35

⑫ 选择"矩形"工具 □.，在属性栏中将填充颜色设置为无、描边颜色设置为卡其色（200、143、63）、"粗细"设置为 3 像素，在图像窗口中绘制一个矩形，如图 5-36 所示，在"图层"面板中生成新的形状图层"矩形 1"。在"属性"面板中进行设置，如图 5-37 所示，效果如图 5-38 所示。

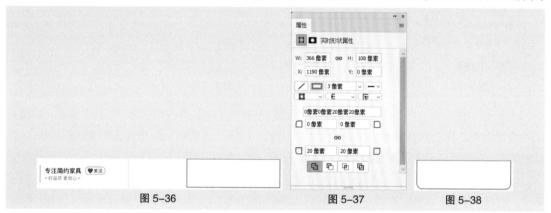

图 5-36　　　　　　　　图 5-37　　　　　　　　图 5-38

⑬ 选择"横排文字"工具 T.，在适当的位置输入需要的文字并选取文字。在"字符"面板中设置文字的填充颜色为卡其色（200、143、63），并设置合适的字体和大小，在"图层"面板中生成新的文字图层，效果如图 5-39 所示。

⑭ 选择"圆角矩形"工具 □.，在属性栏中将填充颜色设置为卡其色（200、143、63）、描边颜色设置为无、"半径"设置为 12 像素，在图像窗口中绘制一个圆角矩形，如图 5-40 所示，在"图层"面板中生成新的形状图层"圆角矩形 2"。

⑮ 选择"横排文字"工具 T.，在适当的位置输入需要的文字并选取文字。在"字符"面板中设置文字的填充颜色为白色，并设置合适的字体和大小，在"图层"面板中生成新的文字图层，效果如图 5-41 所示。

图 5-39　　　　　　　　图 5-40　　　　　　　　图 5-41

⑯ 选择"文件 > 置入嵌入对象"命令，弹出"置入嵌入的对象"对话框，选择云盘中的"Ch05 > 5.3 课堂案例——家具产品首页设计 > 素材 > 03"文件，单击"置入"按钮，将图片置入图像窗口中。将其拖曳到适当的位置并调整大小，按 Enter 键确定操作，在"图层"面板中生成新的图层，将其命名为"展开"，效果如图 5-42 所示。使用相同的方法置入云盘中的"ch05>5.3 课堂案例——家具产品首页设计 > 素材 >04"文件，在"图层"面板中生成新的图层，将其命名为"床"，

效果如图 5-43 所示。

⑰ 在按住 Shift 键的同时，单击"logo"图层，将需要的图层同时选取。按 Ctrl+G 组合键，群组图层并将其命名为"店招和导航"。

⑱ 选择"视图 > 新建参考线"命令，弹出"新建参考线"对话框，在 150 像素的位置创建水平参考线，对话框中的设置如图 5-44 所示。单击"确定"按钮，完成参考线的创建。

图 5-42　　　　　　　　　　　图 5-43　　　　　　　　　　　图 5-44

⑲ 选择"矩形"工具 □，在属性栏中将填充颜色设置为深卡其色（195、135、73）、描边颜色设置为无，在图像窗口中绘制一个矩形，如图 5-45 所示，在"图层"面板中生成新的形状图层"矩形 2"。

图 5-45

⑳ 选择"横排文字"工具 T，在适当的位置输入需要的文字并选取文字。在"字符"面板中设置文字的填充颜色为白色，并设置合适的字体和大小，在"图层"面板中生成新的文字图层，效果如图 5-46 所示。在按住 Shift 键的同时，单击"导航"图层，将需要的图层同时选取。按 Ctrl+G 组合键，群组图层并将其命名为"导航栏"。

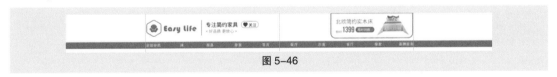

图 5-46

㉑ 选择"视图 > 新建参考线"命令，弹出"新建参考线"对话框，在 1000 像素的位置创建水平参考线，对话框中的设置如图 5-47 所示。单击"确定"按钮，完成参考线的创建。

㉒ 选择"矩形"工具 □，在属性栏中将填充颜色设置为淡灰色（245、245、245）、描边颜色设置为无，在图像窗口中绘制一个矩形，如图 5-48 所示，在"图层"面板中生成新的形状图层"矩形 3"。

㉓ 在图像窗口中再绘制一个矩形，在属性栏中将填充颜色设置为无、描边颜色设置为白色、"粗细"设置为 14 像素，如图 5-49 所示，在"图层"面板中生成新的形状图层，将其命名为"白色边框"。

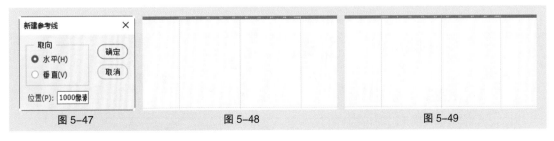

图 5-47　　　　　　　　　　　图 5-48　　　　　　　　　　　图 5-49

㉔ 选择"横排文字"工具 $T.$，在适当的位置输入需要的文字并选取文字。在"字符"面板中分别设置文字的填充颜色为深灰色（73、73、74）和深卡其色（195、135、73），并分别设置合适的字体和大小，在"图层"面板中生成新的文字图层，效果如图 5-50 所示。

㉕ 选择"矩形"工具 $\Box$，在属性栏中将填充颜色设置为无、描边颜色设置为深灰色（8、1、2）、"粗细"设置为 1 像素，在图像窗口中绘制一个矩形，如图 5-51 所示，在"图层"面板中生成新的形状图层"矩形 4"。

㉖ 选择"文件 > 置入嵌入对象"命令，弹出"置入嵌入的对象"对话框，选择云盘中的"Ch05 > 5.3 课堂案例——家具产品首页设计 > 素材 > 05"文件，单击"置入"按钮，将图片置入图像窗口中。将其拖曳到适当的位置，按 Enter 键确定操作，在"图层"面板中生成新的图层，将其命名为"椅子"，效果如图 5-52 所示。

图 5-50　　　　　　图 5-51　　　　　　图 5-52

㉗ 选择"矩形"工具 $\Box$，在属性栏中将填充颜色设置为深卡其色（195、135、73）、描边颜色设置为无，在图像窗口中绘制一个矩形，如图 5-53 所示，在"图层"面板中生成新的形状图层"矩形 5"。

㉘ 选择"横排文字"工具 $T.$，在适当的位置输入需要的文字并选取文字。在"字符"面板中设置文字的填充颜色为白色，并设置合适的字体和大小，在"图层"面板中生成新的文字图层，效果如图 5-54 所示。在按住 Shift 键的同时，单击"矩形 3"图层，将需要的图层同时选取。按 Ctrl+G 组合键，群组图层并将其命名为"Banner1"。使用相同的方法分别制作"Banner2"和"Banner3"图层组，如图 5-55 所示，效果如图 5-56 和图 5-57 所示。

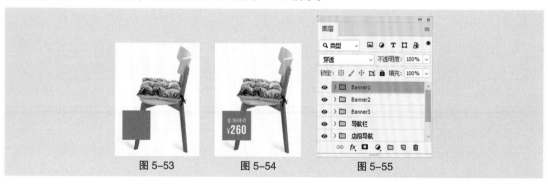

图 5-53　　　　　　图 5-54　　　　　　图 5-55

图 5-56

图 5-57

㉙ 选择"矩形"工具 □，在属性栏中将填充颜色设置为中灰色（122、122、122）、描边颜色设置为无，在图像窗口中绘制一个矩形，如图 5-58 所示，在"图层"面板中生成新的形状图层"矩形 6"。置入云盘中的"Ch05>5.3 课堂案例——家具产品首页设计 > 素材 >03"文件，在"图层"面板中生成新的图层并将其命名为"下一个"，效果如图 5-59 所示。

㉚ 在按住 Shift 键的同时，单击"矩形 6"图层，将需要的图层同时选取。按 Ctrl+G 组合键，群组图层并将其命名为"下一个"。使用相同的方法制作出图 5-60 所示的效果，在"图层"面板中生成新的图层组并将其命名为"上一个"。

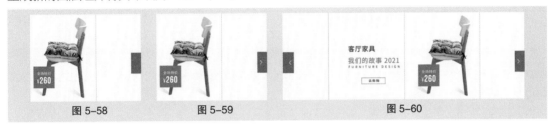

图 5-58　　　　　　图 5-59　　　　　　图 5-60

㉛ 选择"椭圆"工具 ○，在属性栏中将填充颜色设置为中灰色（73、73、73）、描边颜色设置为无，在按住 Shift 键的同时，在图像窗口中绘制一个圆形，如图 5-61 所示。使用相同的方法再绘制两个圆形，并填充相应的颜色，如图 5-62 所示，在"图层"面板中生成新的形状图层"椭圆 1""椭圆 2""椭圆 3"。在按住 Shift 键的同时，单击"下一个"图层组，将需要的图层组同时选取。按 Ctrl+G 组合键，群组图层并将其命名为"滑动"。在按住 Shift 键的同时，单击"Banner3"图层组，将需要的图层组同时选取。按 Ctrl+G 组合键，群组图层并将其命名为"轮播海报"，如图 5-63 所示。

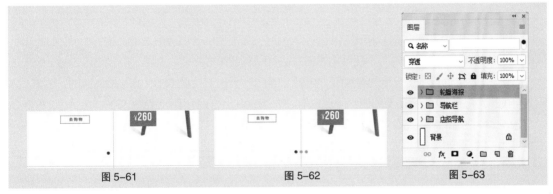

图 5-61　　　　　　图 5-62　　　　　　图 5-63

㉜ 选择"视图 > 新建参考线"命令，弹出"新建参考线"对话框，在 1056 像素的位置创建水平参考线，对话框中的设置如图 5-64 所示。单击"确定"按钮，完成参考线的创建。使用相同的方法，在 1164 像素的位置创建一条水平参考线。

㉝ 选择"横排文字"工具 T，在适当的位置输入需要的文字并选取文字。在"字符"面板中分别设置文字的填充颜色为黑色和深灰色（102、102、102），并分别设置合适的字体和大小，在"图层"面板中生成新的文字图层，效果如图 5-65 所示。

㉞ 选择"视图 > 新建参考线"命令，弹出"新建参考线"对话框，在 1220 像素的位置创建水平参考线，对话框中的设置如图 5-66 所示。单击"确定"按钮，完成参考线的创建。使用相同的方法，在 1370 像素的位置创建一条水平参考线。

图 5-64　　　　　　　　　　图 5-65　　　　　　　　　图 5-66

㉟ 选择"矩形"工具 ▢，在属性栏中将填充颜色设置为无、描边颜色设置为黑色、"粗细"设置为 2 像素，在图像窗口中绘制一个矩形，如图 5-67 所示，在"图层"面板中生成新的形状图层"矩形 7"。

㊱ 选择"横排文字"工具 T，在适当的位置输入需要的文字并选取文字。在"字符"面板中设置文字的填充颜色为浓灰色（1、1、1），并设置合适的字体和大小，在"图层"面板中生成新的文字图层，效果如图 5-68 所示。

㊲ 选择"圆角矩形"工具 ▢，在属性栏中将填充颜色设置为卡其色（200、143、63）、描边颜色设置为无、"半径"设置为 12 像素，在图像窗口中绘制一个圆角矩形，如图 5-69 所示，在"图层"面板中生成新的形状图层"圆角矩形 4"。输入其他文字，在"字符"面板中设置文字的填充颜色为白色，并设置合适的字体和大小，在"图层"面板中生成新的文字图层，效果如图 5-70 所示。

图 5-67　　　　　　图 5-68　　　　　图 5-69　　　　　图 5-70

㊳ 在按住 Shift 键的同时，单击"矩形 7"图层，将需要的图层同时选取。按 Ctrl+G 组合键，群组图层并将其命名为"券 1"。使用上述的方法绘制其他图形并输入文字，制作出图 5-71 所示的效果，在"图层"面板中生成新的图层组"券 2""券 3""券 4"。在按住 Shift 键的同时，单击"先领券 再购物"文字图层，将需要的图层同时选取。按 Ctrl+G 组合键，群组图层并将其命名为"优惠券"。

㊴ 选择"视图 > 新建参考线"命令，弹出"新建参考线"对话框，在 1426 像素的位置创建水平参考线，对话框中的设置如图 5-72 所示。单击"确定"按钮，完成参考线的创建。使用相同的方法，在 2174 像素的位置创建一条水平参考线。

㊵ 选择"矩形"工具 ▢，在属性栏中将填充颜色设置为淡灰色（245、245、245）、描边颜色设置为无，在图像窗口中绘制一个矩形，如图 5-73 所示，在"图层"面板中生成新的形状图层"矩形 8"。

图 5-71　　　　　　　　图 5-72　　　　　　　图 5-73

㊶ 选择"视图 > 新建参考线"命令，弹出"新建参考线"对话框，在 1482 像素的位置创建水

平参考线，对话框中的设置如图5-74所示。单击"确定"按钮，完成参考线的创建。使用相同的方法，在1588像素的位置创建一条水平参考线。

㊷ 选择"横排文字"工具 **T**，在适当的位置输入需要的文字并选取文字。在"字符"面板中分别设置文字的填充颜色为黑色和深灰色（102、102、102），并分别设置合适的字体和大小，在"图层"面板中生成新的文字图层，效果如图5-75所示。

㊸ 选择"视图 > 新建参考线"命令，弹出"新建参考线"对话框，在1644像素的位置创建水平参考线，对话框中的设置如图5-76所示。单击"确定"按钮，完成参考线的创建。使用相同的方法，在2118像素的位置创建一条水平参考线。

| 图 5-74 | 图 5-75 | 图 5-76 |

㊹ 选择"矩形"工具 ▢，在属性栏中将填充颜色设置为白色、描边颜色设置为无，在图像窗口中绘制一个矩形，如图5-77所示，在"图层"面板中生成新的形状图层"矩形9"。

㊺ 置入云盘中的"Ch05>5.3 课堂案例——家具产品首页设计 > 素材 >08"文件，在"图层"面板中生成新的图层，将其命名为"床"。使用上述的方法输入其他文字，在"字符"面板中设置文字的填充颜色为浓灰色（1、1、1），并设置合适的字体和大小，在"图层"面板中生成新的文字图层，效果如图5-78所示。使用相同的方法制作出图5-79的效果，在"图层"面板中生成新的图层。

| 图 5-77 | 图 5-78 | 图 5-79 |

㊻ 在按住Shift键的同时，单击"矩形9"图层，将需要的图层同时选取。按Ctrl+G组合键，群组图层并将其命名为"图标"。在按住Shift键的同时，单击"矩形8"图层，将需要的图层同时选取。按Ctrl+G组合键，群组图层并将其命名为"分类导航"。

㊼ 选择"视图 > 新建参考线"命令，弹出"新建参考线"对话框，在2230像素的位置创建水平参考线，对话框中的设置如图5-80所示。单击"确定"按钮，完成参考线的创建。使用相同的方法，在2336像素的位置创建一条水平参考线。

㊽ 选择"横排文字"工具 **T**，在适当的位置输入需要的文字并选取文字。在"字符"面板中分别设置文字的填充颜色为黑色和深灰色（102、102、102），并分别设置合适的字体和大小，在"图层"面板中生成新的文字图层，效果如图5-81所示。

㊾ 选择"视图 > 新建参考线"命令，弹出"新建参考线"对话框，在2392像素的位置创建水

平参考线，对话框中的设置如图 5-82 所示。单击"确定"按钮，完成参考线的创建。使用相同的方法，在 3690 像素的位置创建一条水平参考线。

图 5-80　　　　　图 5-81　　　　　图 5-82

㊿ 选择"矩形"工具 □，在属性栏中将填充颜色设置为淡灰色（245、245、245）、描边颜色设置为无，在图像窗口中绘制一个矩形，在"图层"面板中生成新的形状图层"矩形 10"。

○51 选择"文件 > 置入嵌入对象"命令，弹出"置入嵌入的对象"对话框，选择云盘中的"Ch05 > 5.3 课堂案例——家具产品首页设计 > 素材 > 16"文件，单击"置入"按钮，将图片置入图像窗口中。将其拖曳到适当的位置并调整大小，按 Enter 键确定操作，如图 5-83 所示，在"图层"面板中生成新的图层并将其命名为"沙发椅"。

○52 选择"横排文字"工具 T，在适当的位置输入需要的文字并选取文字。在"字符"面板中分别设置文字填充颜色为浅灰色（150、150、150）和深灰色（48、48、48），并分别设置合适的字体和大小，在"图层"面板中生成新的文字图层，效果如图 5-84 所示。

○53 绘制其他图形、输入文字并置入图标，制作出图 5-85 所示的效果，在"图层"面板中生成新的图层并分别为其命名。在按住 Shift 键的同时，单击"矩形 10"图层，将需要的图层同时选取。按 Ctrl+G 组合键，群组图层并将其命名为"沙发椅"。

图 5-83　　　　　图 5-84　　　　　图 5-85

○54 使用相同的方法制作出图 5-86 所示的效果，在"图层"面板中生成新的图层组并将其命名为"电视柜"。在按住 Shift 键的同时，单击"掌柜推荐 优质好货"文字图层，将需要的图层同时选取。按 Ctrl+G 组合键，群组图层并将其命名为"掌柜推荐"。

○55 在 3802 像素和 4780 像素的位置创建两条水平参考线。选择"矩形"工具 □，在属性栏中将填充颜色设置为黑色、描边颜色设置为无，在图像窗口中绘制一个矩形，如图 5-87 所示，在"图层"面板中生成新的形状图层"矩形 12"。

○56 选择"文件 > 置入嵌入对象"命令，弹出"置入嵌入的对象"对话框，选择云盘中的"Ch05 > 5.3 课堂案例——家具产品首页设计 > 素材 > 19"文件，单击"置入"按钮，将图片置入图像窗口中。将其拖曳到适当的位置并调整大小，按 Enter 键确定操作，在"图层"面板中生成新的图层，将其命名为"沙发"。按 Alt+Ctrl+G 组合键，为"沙发 1"图层创建剪贴蒙版。在"图层"面板上方，设置图层的"不透明度"为 30%，效果如图 5-88 所示。

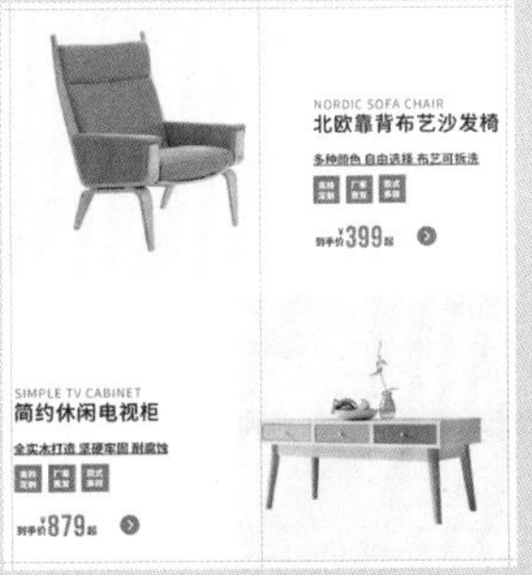

图 5-86

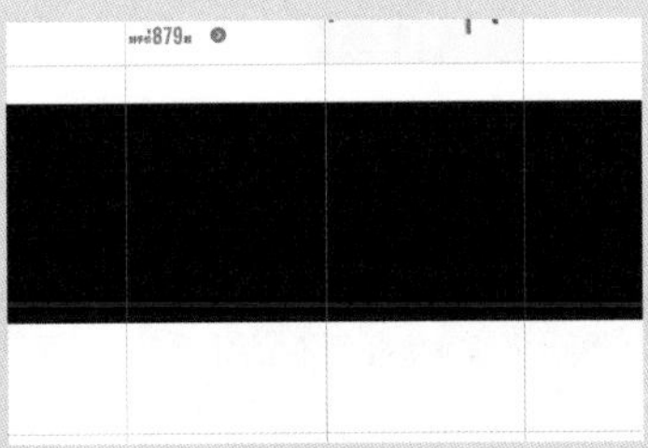

图 5-87

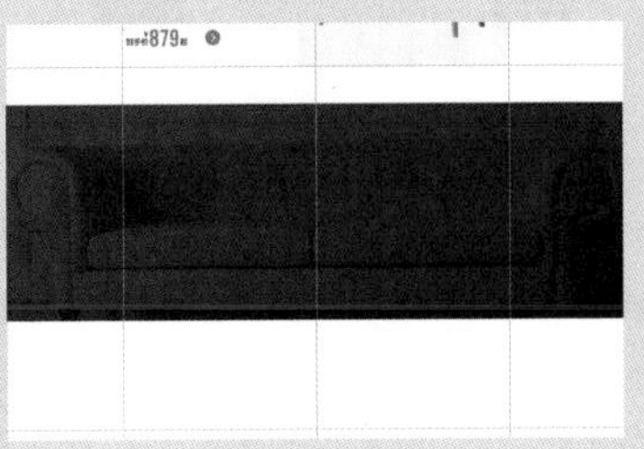

图 5-88

(57) 选择“横排文字”工具 T，在适当的位置输入需要的文字并选取文字。在“字符”面板中设置文字的填充颜色为深卡其色（195、135、73），并设置合适的字体和大小，在“图层”面板中生成新的文字图层，效果如图 5-89 所示。

(58) 选择“矩形”工具 □，在属性栏中将填充颜色设置为淡灰色（245、245、245）、描边颜色设置为无，在图像窗口中绘制一个矩形，在“图层”面板中生成新的形状图层“矩形 13”。

(59) 选择“文件 > 置入嵌入对象”命令，弹出“置入嵌入的对象”对话框，选择云盘中的“Ch05 > 5.3 课堂案例——家具产品首页设计 > 素材 > 20”文件，单击“置入”按钮，将图片置入图像窗口中。将其拖曳到适当的位置并调整大小，按 Enter 键确定操作，如图 5-90 所示，在“图层”面板中生成新的图层，将其命名为“沙发 2”。

(60) 绘制其他图形、输入文字并置入图标，制作出图 5-91 所示的效果，在“图层”面板中生成新的图层并分别为其命名。在按住 Shift 键的同时，单击“矩形 13”图层，将需要的图层同时选取。按 Ctrl+G 组合键，群组图层并将其命名为“沙发”。

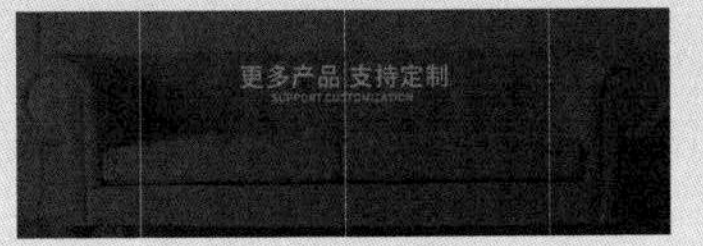

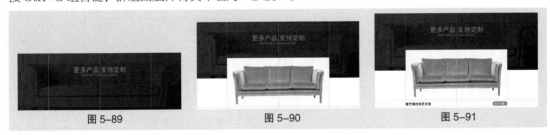

图 5-89

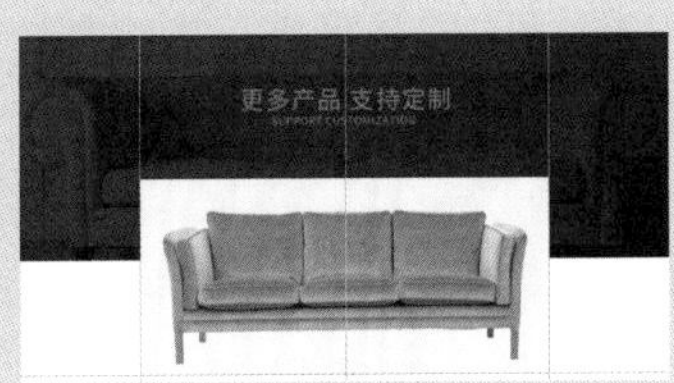

图 5-90

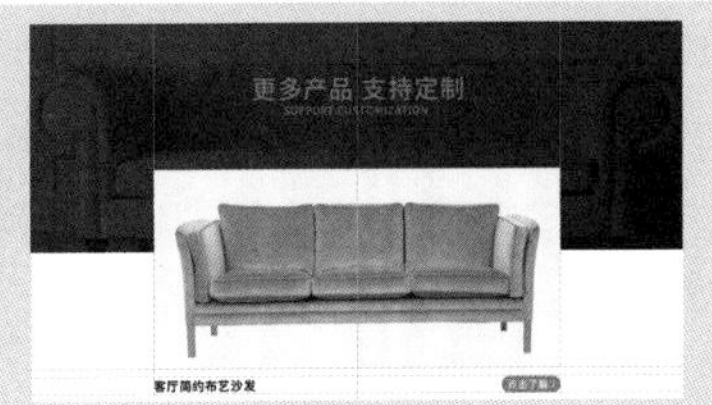

图 5-91

(61) 根据需要创建参考线、绘制图形、输入文字并置入图标，制作出图 5-92 所示的效果，在“图层”面板中生成新的图层组。在按住 Shift 键的同时，单击“矩形 12”图层，将需要的图层同时选取。按 Ctrl+G 组合键，群组图层并将其命名为“更多产品”。

(62) 在 6492 像素的位置创建一条水平参考线。选择“矩形”工具 □，在属性栏中将填充颜色设置为黑色、描边颜色设置为无，在图像窗口中绘制一个矩形，在“图层”面板中生成新的形状图层“矩形 14”。

(63) 选择“文件 > 置入嵌入对象”命令，弹出“置入嵌入的对象”对话框，选择云盘中的“Ch05 > 5.3 课堂案例——家具产品首页设计 > 素材 > 25”文件，单击“置入”按钮，将图片置入图像窗口中。将其拖曳到适当的位置并调整大小，按 Enter 键确定操作，在“图层”面板中生成新的图层，将其命名为“沙发 3”。按 Alt+Ctrl+G 组合键，为“沙发 3”图层创建剪贴蒙版。在“图层”面板上方，设置图层的“不透明度”为 20%，效果如图 5-93 所示。置入图标并输入文字，制作出图 5-94 所示的效果，在“图层”面板中生成新的图层。

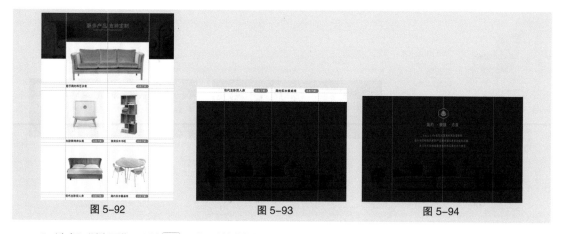

| 图 5-92 | 图 5-93 | 图 5-94 |

㉔ 选择"椭圆"工具 ○，在属性栏中将填充颜色设置为无、描边颜色设置为深卡其色（195、135、73）、"粗细"设置为 6 像素。在按住 Shift 键的同时，在图像窗口中绘制一个圆形，如图 5-95 所示。在"图层"面板中生成新的形状图层"椭圆 5"。绘制圆形、置入图标并输入文字，制作出图 5-96 所示的效果，在"图层"面板中生成新的图层。

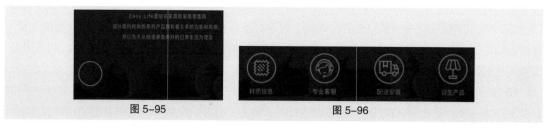

| 图 5-95 | 图 5-96 |

㉕ 选择"圆角矩形"工具 ○，在属性栏中将填充颜色设置为深卡其色（195、135、73）、描边颜色设置为无、"半径"设置为 30 像素，在图像窗口中绘制一个圆角矩形，在"图层"面板中生成新的形状图层"圆角矩形 6"。输入文字，在"字符"面板中设置文字的填充颜色为白色，并设置合适的字体和大小，在"图层"面板中生成新的文字图层，效果如图 5-97 所示。

㉖ 在按住 Shift 键的同时，单击"椭圆 5"图层，将需要的图层同时选取。按 Ctrl+G 组合键，群组图层并将其命名为"返回顶部"。在按住 Shift 键的同时，单击"矩形 14"图层，将需要的图层同时选取。按 Ctrl+G 组合键，群组图层并将其命名为"底部信息"。

㉗ 选择"文件 > 导出 > 存储为 Web 所用格式（旧版）"命令，在弹出的对话框中进行设置，如图 5-98 所示，单击"存储"按钮，导出效果图。PC 端家具产品首页制作完成。

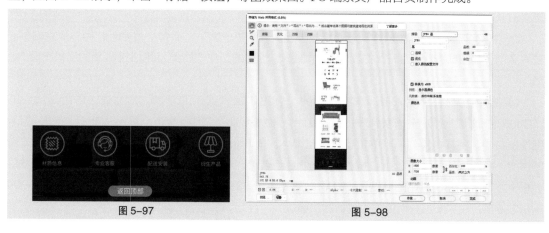

| 图 5-97 | 图 5-98 |

5.4 课堂练习——春夏女装首页设计

【案例设计要求】

（1）运用 Photoshop 制作首页。

（2）首页的宽度为 1920 像素，并且符合首页设计要点。

（3）根据参考效果，体现出行业风格。

【案例学习目标】使用 Photoshop 中的多种工具和命令，制作春夏女装首页。

【案例知识要点】使用"矩形"工具 □、"圆角矩形"工具 □、"椭圆"工具 ○、"多边形"工具和"直线"工具 ╱ 绘制图形，使用"横排文字"工具 T 输入文字，使用"新建参考线"命令创建参考线，使用"描边"命令添加图层样式，使用"创建剪贴蒙版"命令和"对齐"命令调整春夏女装首页的细节，效果如图 5-99 所示。

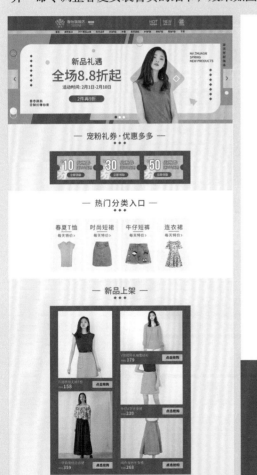

图 5-99

【效果所在位置】云盘 \Ch05\5.4 课堂练习——春夏女装首页设计 \ 工程文件 .psd。

慕课视频

春夏女装首页
设计 1

慕课视频

春夏女装首页
设计 2

扩展阅读

完整高清图

5.5 课后习题——数码产品首页设计

【案例设计要求】

（1）运用 Photoshop 制作首页。

（2）首页的宽度为 1920 像素，并且符合首页设计要点。

（3）根据参考效果，体现出行业风格。

【案例学习目标】使用 Photoshop 中的多种工具和命令，制作数码产品首页。

【案例知识要点】使用"矩形"工具 □、"圆角矩形"工具 □、"椭圆"工具 ○、"多边形"工具和"直线"工具 ∕ 绘制图形，使用"横排文字"工具 T 输入文字，使用"渐变叠加"命令添加图层样式，使用"新建参考线"命令创建参考线，使用"对齐"命令、"高斯模糊"命令、"变换"命令和"亮度 / 对比度"命令调整数码产品首页的细节，效果如图 5-100 所示。

慕课视频

数码产品首页设计 1

慕课视频

数码产品首页设计 2

扩展阅读

完整高清图

图 5-100

【效果所在位置】云盘 \Ch05\5.5 课后习题——数码产品首页设计 \ 工程文件 .psd。

第 6 章
PC 端店铺详情页设计

06

▶ 本章介绍

　　PC 端店铺详情页设计同首页设计一样，属于网店美工设计任务中的综合型任务，精心设计的 PC 端店铺详情页能够提升消费者对商品的购买欲望。本章针对 PC 端店铺详情页的基本概念及设计模块等基础知识进行系统讲解，并针对流行风格及行业的典型 PC 端店铺详情页进行设计演练。通过对本章的学习，读者可以对 PC 端店铺详情页的设计有一个系统的认识，并能快速掌握 PC 端店铺详情页的设计规范和制作方法，成功制作出令消费者产生购买欲望的 PC 端店铺详情页。

学习目标

- 掌握详情页的基本概念
- 掌握详情页的设计模块

慕课视频

PC 端店铺
详情页设计

6.1 详情页的基本概念

　　详情页即用于向消费者展示商品的详细信息,令消费者产生消费欲望的页面,具有展示产品内容、提升产品转化率的功能。因为消费者在虚拟网络中,只能通过详情页了解商品,所以详情页的质量对商品的销售量有着决定性作用,如图 6-1 所示。

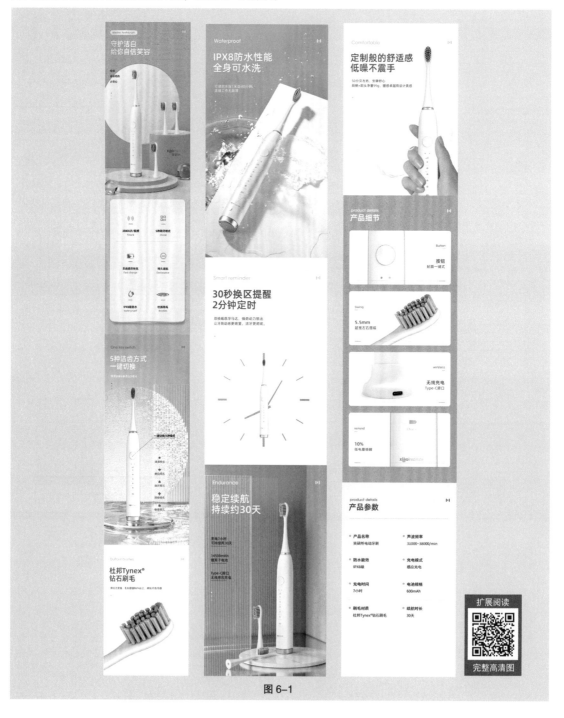

图 6-1

扩展阅读

完整高清图

6.2 详情页的设计模块

PC 端店铺详情页的尺寸主要有两种：一种以淘宝为代表，宽度为 750 像素；另一种以京东和天猫为代表，宽度为 790 像素。两者高度不限，其设计模块可以根据商家的不同需求进行组合变化。详情页的核心模块通常由商品焦点图、卖点提炼、商品展示、细节展示、商品信息和其他模块构成，如图 6-2 所示。

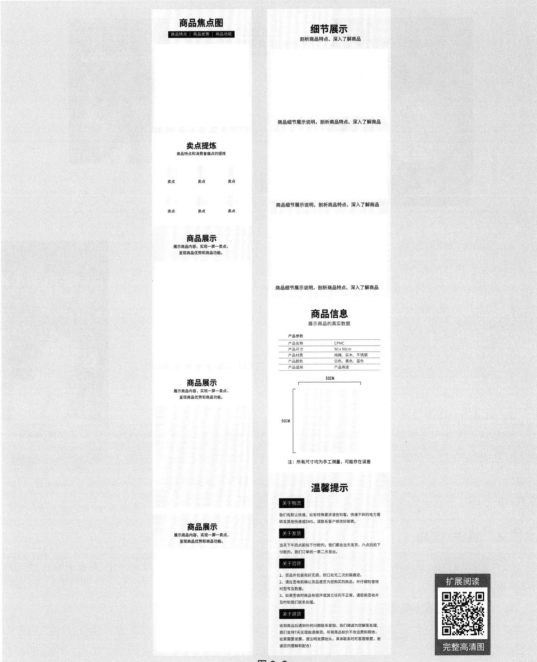

图 6-2

6.2.1　商品焦点图

商品焦点图通常位于商品基础信息下方，是详情页中引人注意的部分，同时也是详情页设计的重点。下面对商品焦点图的设计知识进行详细讲解。

1.　商品焦点图的基本概念

商品焦点图即详情页中的商品 Banner，通常位于详情页中商品描述信息的下方，类似于店铺首页的轮播海报，主要用于令详情页中的商品更加吸引消费者，更好地展示商品优势。优秀的商品焦点图会起到场景代入、真实体验的作用，如图 6-3 所示。

图 6-3

2.　商品焦点图的构成

商品焦点图可由 6 部分构成，如图 6-4 所示。

- 标题：便于宣传产品信息。
- 文本：详细陈述产品信息。
- 产品：增强产品的真实性。
- 模特：有利于拉近产品与消费者之间的距离。
- 点缀：起到丰富画面的作用。
- 背景：起到衬托产品的作用。

3.　商品焦点图的设计要点

商品焦点图可以根据平台分为两类：一类是以淘宝为代表，宽度为 750 像素的商品焦点图；另一类是以京东和天猫为代表，宽度为 790 像素的商品焦点图。两者高度不限，通常为 950 像素。商品焦点图中的主标题字号建议在 60 ～ 70像素，副标题字号建议在 40 ～ 50 像素，叙述文字字号建议在 25 ～ 30 像素。

图 6-4

6.2.2　卖点提炼

卖点提炼通常位于商品焦点图下方或同商品焦点图组合出现，可以让消费者快速了解商品与众不同的特点。下面对卖点提炼的设计知识进行详细讲解。

1.　卖点提炼的基本概念

卖点提炼即商品特点的提炼，通常位于商品焦点图下方或同商品焦点图组合出现，主要用于向消费者展示商品独特之处，令其产生购买欲望。精准的卖点提炼会起到展示产品卖点、挖掘消费者需求的作用，如图 6-5 所示。

图 6-5

2. 卖点提炼的构成

卖点提炼可由 3 部分构成，如图 6-6 所示。

- 标题：总结产品的功能特点。
- 文本：提炼产品的优势卖点。
- 图标：有利于传达文字含义。

3. 卖点提炼的设计要点

卖点提炼中的文本应简短且具有说服力，建议使用 30 像素～ 40 像素的黑体字。图标应醒目且和卖点呼应。

6.2.3 商品展示

商品展示通常位于卖点提炼的下方，结合了商品焦点图和卖点提炼的作用，从不同的角度和特点进一步展示商品的优势。下面对商品展示的设计知识进行详细讲解。

图 6-6

1. 商品展示的基本概念

商品展示用于展示商品的内容，通常位于卖点提炼下方，通常由 3 张～ 5 张图片组成，实现一屏一卖点，进一步起到展示产品优势、呈现产品功能的作用，如图 6-7 所示。

图 6-7

2. 商品展示的构成

商品展示可由 6 部分构成，如图 6-8 所示。

- 标题：醒目展示产品的优势。
- 文本：详细陈述产品的功能。
- 产品：配合文本展示产品的功能。
- 模特：针对特殊产品使用。
- 点缀：起到丰富画面的作用。
- 背景：起到衬托产品的作用。

图 6-8

3. 商品展示的设计要点

商品展示的设计要点可以参考商品焦点图的设计要点。需要注意的是，因为商品展示这一模块通常有3～5张图片，所以商品的角度和背景既要统一，又要有一定的区别，以免让消费者产生视觉疲劳。

6.2.4 细节展示

细节展示通常位于卖点提炼或商品展示下方，是可以让消费者深入了解商品的重要模块。下面对细节展示的设计知识进行详细讲解。

1. 细节展示的基本概念

细节展示即商品的细节放大图，通常位于卖点提炼或商品展示下方，将商品细节进行最大限度的展示，可以使消费者更加信任商品。优秀的细节展示可以起到剖析商品特点、让消费者深入了解商品的作用，如图6-9所示。

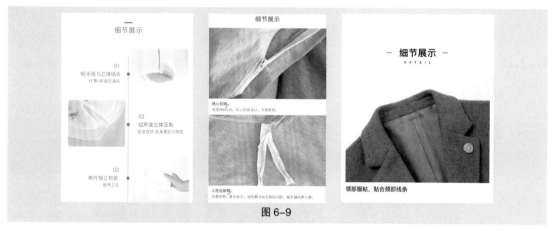

图 6-9

2. 细节展示的构成

细节展示可由图片和文本两部分构成，如图6-10所示。

- 图片：醒目展示产品的优势。
- 文本：详细陈述产品的功能。

3. 细节展示的设计要点

细节展示不宜太过复杂，整体应呈现简洁的效果。如果商品为深色，建议细节展示图的背景使用浅色，以保证细节的展示。

6.2.5 商品信息

商品信息通常位于卖点提炼或细节展示下方，是可以让消费者通过虚拟的网络了解商品真实尺寸的重要模块。下面对商品信息的设计知识进行详细讲解。

1. 商品信息的基本概念

商品信息即商品的真实数据，通常位于卖点提炼或细节展示下方。商品信息需要将商品的尺寸、颜色等信息充分展示给消费者，以起到全面介绍商品、引导消费者了解商品的作用，如图6-11所示。

图 6-10

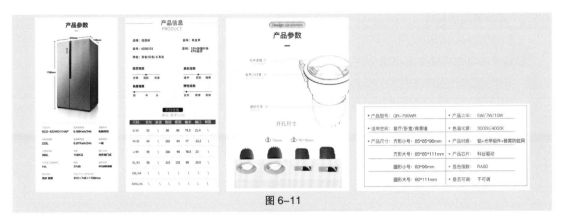

图 6-11

2. 商品信息的构成

商品信息可由基本数据和产品图片两部分构成，如图 6-12 所示。

- 基本数据：便于消费者深入了解产品。
- 产品图片：呼应产品基本数据。

3. 商品信息的设计要点

在设计商品信息时，需要将大量的数据归类整理，以图表的形式展示出来，令消费者可以直观地了解商品信息。

图 6-12

6.2.6 其他模块

需要重点设计的除了以上几个模块之外，还有质量保证、品牌实力和快递售后等其他模块。这些模块通常位于详情页底部，用于完成促成购买的艰巨任务。下面对其他模块的设计知识进行详细讲解。

1. 其他模块的基本概念

质量保证、品牌实力和快递售后等其他模块通常位于详情页底部，在不同程度上起到为消费者购买商品打消疑虑、加强信心的作用。质量保证用于展示商品的相关证书，起到承诺产品质量、赢得消费者信赖的作用。品牌实力用于展示店铺的相关品牌故事，起到营销品牌、加深消费者印象的作用。快递售后有时也称为买家须知，包括快递服务、退换流程、售后承诺等相关内容，起到加强购买商品体验、提高消费者满意度的作用，如图 6-13 所示。

图 6-13

2. 其他模块的构成

（1）质量保证的构成

质量保证可由标题文本和相关证书两部分构成，如图6-14所示。

- 标题文本：提炼证书的关键信息。
- 相关证书：促使消费者信赖商品。

（2）品牌实力的构成

品牌实力可由品牌故事和门面图片两部分构成，如图6-15所示。

- 品牌故事：促使消费者信赖商品。
- 门面图片：增强品牌的实力。

图6-14   图6-15

（3）快递售后的构成

快递售后可由3部分构成，如图6-16所示。

- 快递服务：了解快递公司，便于商家发货。
- 退换流程：遵循退换流程，避免出现问题。
- 售后承诺：体验正规服务，得到实际保障。

图6-16

3. 其他模块的设计要点

因为其他模块位于整个页面的底部，消费者观看时多少会产生视觉疲惫感，所以在设计其他模块时一定要突出模块的重点，简洁醒目，不然容易让消费者产生不耐烦的负面情绪。

6.3 课堂案例——月饼美食详情页设计

【案例设计要求】

（1）运用 Photoshop 制作详情页。

（2）详情页的尺寸为 790 像素 ×11150 像素。

（3）符合详情页设计要点，体现出行业风格。

【案例学习目标】使用 Photoshop 中的多种工具和命令，制作月饼美食详情页。

【案例知识要点】使用"矩形"工具 ▢、"圆角矩形"工具 ▢、"椭圆"工具 ◯、"直线"工具 ╱ 和"路径选择"工具 ▶ 绘制图形，使用"横排文字"工具 T 输入文字，使用"渐变叠加"命令添加图层样式，使用"对齐"命令对齐文字，使用"新建参考线"命令创建参考线，使用"分层云彩"命令、"高斯模糊"命令、"色相/饱和度"命令和"照片滤镜"命令调整月饼美食详情页的细节，效果如图 6-17 所示。

图 6-17

【效果所在位置】云盘 \Ch06\6.3 课堂案例——月饼美食详情页设计 \ 工程文件 .psd。

① 按 Ctrl+N 组合键，弹出"新建文档"对话框，在其中设置"宽度"为 790 像素、"高度"为 11150 像素、"分辨率"为 72 像素 / 英寸、"颜色模式"为 RGB、"背景内容"为白色，如图 6-18所示，单击"创建"按钮，新建一个文件。

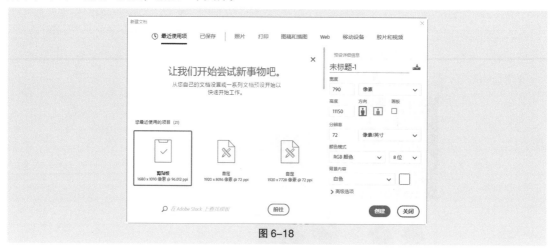

图 6-18

② 选择"矩形"工具 □,，在属性栏的"选择工具模式"下拉列表中选择"形状"选项，将填充颜色设置为黑色、描边颜色设置为无。在图像窗口中的适当位置绘制矩形，在"图层"面板中生成新的形状图层"矩形 1"。选择"窗口 > 属性"命令，弹出"属性"面板，在面板中进行设置，如图 6-19 所示，效果如图 6-20 所示。

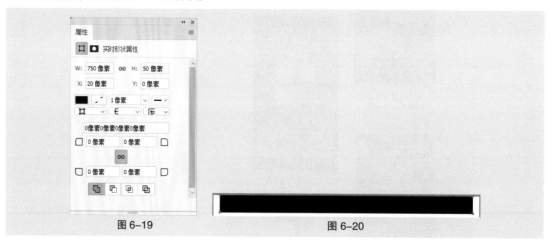

图 6-19　　　　　　　　　　　　　　　　图 6-20

③ 按 Ctrl+R 组合键，显示标尺。选择"视图 > 对齐到 > 全部"命令。在图像窗口中的左侧标尺上按住鼠标左键并水平向右拖曳，在矩形左侧锚点的位置松开鼠标，完成参考线的创建，效果如图 6-21 所示。使用相同的方法，在矩形右侧锚点的位置创建一条参考线，效果如图 6-22 所示。

图 6-21　　　　　　　　　　　　　　　　图 6-22

④ 按 Ctrl+T 组合键，图形周围出现变换框，如图 6-23 所示。在图像窗口中的左侧标尺上按住鼠标左键并水平向右拖曳，在矩形中心点的位置松开鼠标，完成参考线的创建，效果如图 6-24 所示。按 Enter 键确定操作，在"图层"面板中选中"矩形 1"图层，按 Delete 键将其删除。

图 6-23　　　　　　　　　　　　　　　　　　　图 6-24

⑤ 选择"视图 > 新建参考线"命令，弹出"新建参考线"对话框，在950像素的位置创建水平参考线，对话框中的设置如图6-25所示。单击"确定"按钮，完成参考线的创建。

⑥ 选择"矩形"工具 □，在属性栏中将填充颜色设置为棕红色（130、51、49）、描边颜色设置为无，在图像窗口中绘制一个矩形，如图6-26所示，在"图层"面板中生成新的形状图层"矩形1"。

⑦ 按 Ctrl+J 组合键，复制图层，在"图层"面板中生成新的形状图层"矩形1拷贝"，将图层的混合模式设置为"明度"，如图6-27所示，效果如图6-28所示。

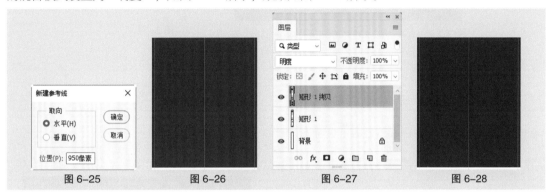

图 6-25　　　　　　图 6-26　　　　　　图 6-27　　　　　　图 6-28

⑧ 选择"滤镜 > 渲染 > 分层云彩"命令，效果如图6-29所示。选择"滤镜 > 模糊 > 高斯模糊"命令，在弹出的对话框中进行设置，如图6-30所示，单击"确定"按钮，效果如图6-31所示。

⑨ 选择"文件 > 置入嵌入对象"命令，弹出"置入嵌入的对象"对话框，选择云盘中的"Ch06 > 6.3 课堂案例——月饼美食详情页设计 > 素材 > 01～03"文件，单击"置入"按钮，将图片置入图像窗口中。分别将"01""02""03"图像拖曳到适当的位置，按 Enter 键确定操作，在"图层"面板中生成新的图层，分别将其命名为"树枝""产品""云图案"，效果如图6-32所示。

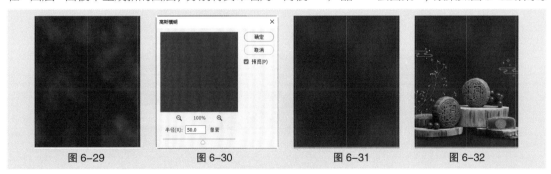

图 6-29　　　　　　图 6-30　　　　　　图 6-31　　　　　　图 6-32

⑩ 选择"横排文字"工具 T，在适当的位置输入需要的文字并选取文字。选择"窗口 > 字符"命令，打开"字符"面板，在其中将"颜色"设置为白色，并设置合适的字体和大小，效果如图6-33所示，在"图层"面板中生成新的文字图层。

⑪ 单击"图层"面板下方的"添加图层样式"按钮 fx，在弹出的菜单中选择"渐变叠加"命令，弹出"图层样式"对话框。在其中单击"渐变"右侧的"点按可编辑渐变"按钮，弹出"渐变编辑器"对话框，通过"位置"选项添加0、50、100这3个位置点，分别设置3个位置点颜色的 RGB 值为（227、186、138）、（238、219、182）、（227、186、138），如图6-34

所示，单击"确定"按钮。返回到"图层样式"对话框，其他设置如图 6-35 所示，单击"确定"按钮，效果如图 6-36 所示。

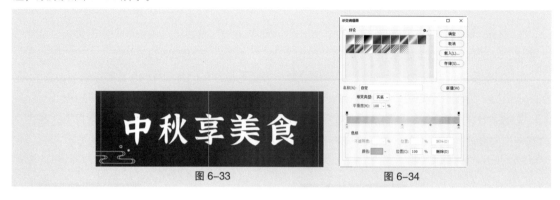

图 6-33　　　　　　　　　　　　图 6-34

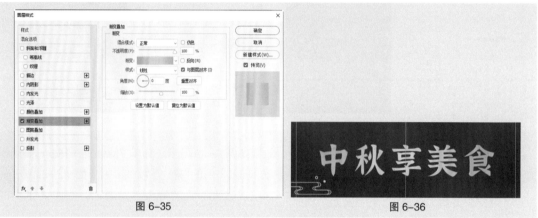

图 6-35　　　　　　　　　　　　　　　图 6-36

⑫ 输入其他文字并添加渐变效果，如图 6-37 所示，在"图层"面板中生成新的文字图层。

⑬ 选择"圆角矩形"工具 □，在属性栏中将填充颜色设置为白色、描边颜色设置为无、"半径"设置为 10 像素，在图像窗口中绘制一个圆角矩形，如图 6-38 所示，在"图层"面板中生成新的形状图层"圆角矩形 1"。

图 6-37　　　　　　　　　　　　图 6-38

⑭ 单击"路径操作"按钮 □，在弹出的下拉列表中选择"合并形状"选项，在适当的位置绘制一个圆角矩形，在"属性"面板中，设置"半径"为 6 像素，效果如图 6-39 所示。选择"路径选择"工具 ▶，选取图形，在按住 Alt+Shift 组合键的同时，水平向右拖曳图形到适当的位置，复制图形，如图 6-40 所示。

图 6-39　　　　　　　　　　　　图 6-40

⑮ 为图形添加渐变效果，效果如图 6-41 所示。按 Ctrl+J 组合键，复制图形，并删除其图层样式，在"图层"面板中生成新的形状图层"圆角矩形 1 拷贝"。按 Ctrl+T 组合键，图形周围出现变换框，拖曳变换框右上角的控制点等比例缩小图形，按 Enter 键确定操作。在属性栏中将填充颜色设置为无、描边颜色设置为棕红色（137、51、47）、"粗细"设置为 1 像素，效果如图 6-42 所示。

图 6-41　　　　　　　　　　图 6-42

⑯ 选择"横排文字"工具 T.，在适当的位置输入需要的文字并选取文字。在"字符"面板中，将"颜色"设置为棕红色（137、51、47），并设置合适的字体和大小，如图 6-43 所示，在"图层"面板中生成新的文字图层。在按住 Shift 键的同时，单击"矩形 1"图层，将需要的图层同时选取。按 Ctrl+G 组合键，群组图层并将其命名为"商品焦点"。

⑰ 选择"视图 > 新建参考线"命令，弹出"新建参考线"对话框，在 1890 像素的位置创建水平参考线，对话框中的设置如图 6-44 所示。单击"确定"按钮，完成参考线的创建。

⑱ 选择"矩形"工具 □.，在属性栏中将填充颜色设置为米色（234、218、190）、描边颜色设置为无，在图像窗口中绘制一个矩形，如图 6-45 所示，在"图层"面板中生成新的形状图层"矩形 2"。

图 6-43　　　　　　　　　图 6-44　　　　　　图 6-45

⑲ 选择"横排文字"工具 T.，在适当的位置输入需要的文字并选取文字。在"字符"面板中，将"颜色"设置为棕红色（137、51、47），并设置合适的字体和大小，效果如图 6-46 所示，在"图层"面板中生成新的文字图层。

⑳ 绘制其他图形，效果如图 6-47 所示，在"图层"面板中生成新的形状图层"圆角矩形 2"。选择"文件 > 置入嵌入对象"命令，弹出"置入嵌入的对象"对话框，选择云盘中的"Ch06 > 6.3 课堂案例——月饼美食详情页设计 > 素材 > 04"文件，单击"置入"按钮，将图片置入图像窗口中。将"04"图像拖曳到适当的位置，按 Enter 键确定操作，在"图层"面板中生成新的图层，将其命名为"月饼"，效果如图 6-48 所示。

㉑ 单击"图层"面板下方的"创建新图层"按钮 🗅，生成新的图层，将其命名为"阴影 1"。选择"椭圆"工具 ○.，在属性栏的"选择工具模式"下拉列表中选择"像素"选项，将前景色设置为淡棕色（210、198、183），在按住 Shift 键的同时，在图像窗口中绘制一个圆形，如图 6-49 所示。

㉒ 单击"图层"面板下方的"添加图层样式"按钮 fx，在弹出的菜单中选择"渐变叠加"命令，弹出"图层样式"对话框。在其中单击"渐变"右侧的"点按可编辑渐变"按钮▇▇▇▇，弹出"渐变编辑器"对话框，通过"位置"选项添加 0、100 两个位置点，分别设置两个位置点颜色的 RGB 值为（236、229、217）、（178、165、149），如图 6-50 所示，单击"确定"按钮。返回到"图层样式"对话框，其他设置如图 6-51 所示，单击"确定"按钮，效果如图 6-52 所示。

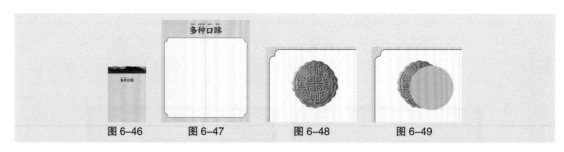

图 6-46　　　　　　图 6-47　　　　　　图 6-48　　　　　　图 6-49

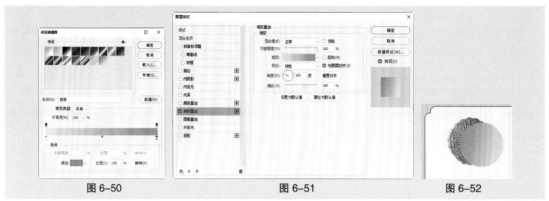

图 6-50　　　　　　　　　图 6-51　　　　　　　　　图 6-52

㉓ 选择"滤镜 > 模糊 > 高斯模糊"命令，在弹出的对话框中进行设置，如图 6-53 所示，单击"确定"按钮，效果如图 6-54 所示。在"图层"面板中，将"阴影 1"图层拖曳到"月饼"图层的下方，图像效果如图 6-55 所示。

㉔ 选择"横排文字"工具 **T.**，在适当的位置输入需要的文字并选取文字。在"字符"面板中，将"颜色"设置为棕红色（137、51、47），并设置合适的字体和大小，效果如图 6-56 所示，在"图层"面板中生成新的文字图层。

图 6-53　　　　　　图 6-54　　　　　　图 6-55　　　　　　图 6-56

㉕ 制作出图 6-57 所示的效果，在"图层"面板中生成新的图层。在按住 Shift 键的同时，单击"矩形 2"图层，将需要的图层同时选取。按 Ctrl+G 组合键，群组图层并将其命名为"多种口味"。

㉖ 选择"视图 > 新建参考线"命令，弹出"新建参考线"对话框，在 2966 像素的位置创建水平参考线，对话框中的设置如图 6-58 所示。单击"确定"按钮，完成参考线的创建。

㉗ 选择"矩形"工具 **口.**，在属性栏中将填充颜色设置为中灰色（150、150、150）、描边颜色设置为无，在图像窗口中绘制一个矩形，如图 6-59 所示，在"图层"面板中生成新的形状图层"矩形 3"。

㉘ 选择"文件 > 置入嵌入对象"命令，弹出"置入嵌入的对象"对话框，选择云盘中的"Ch06 > 6.3 课堂案例——月饼美食详情页设计 > 素材 > 05"文件，单击"置入"按钮，将图片置入图像窗口中。将"05"图像拖曳到适当的位置，按 Enter 键确定操作，在"图层"面板中生成新的图层，将其命名为"月饼图"。按 Alt+Ctrl+G 组合键，为图层创建剪贴蒙版，效果如图 6-60 所示。

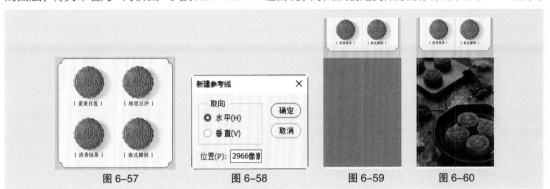

图 6-57   图 6-58   图 6-59   图 6-60

㉙ 单击"图层"面板下方的"创建新的填充或调整图层"按钮 ⊘，在弹出的菜单中选择"色相 /饱和度"命令，在"图层"面板中生成"色相 / 饱和度 1"图层，同时弹出"属性"面板。在其中单击"此调整影响下面的所有图层"按钮 ↩，使其显示为"此调整剪切到此图层"按钮 ↩，其他设置如图 6-61 所示，按 Enter 键确定操作。

㉚ 单击"图层"面板下方的"创建新的填充或调整图层"按钮 ⊘，在弹出的菜单中选择"照片滤镜"命令，在"图层"面板中生成"照片滤镜 1"图层，同时弹出"属性"面板。在其中单击"此调整影响下面的所有图层"按钮 ↩，使其显示为"此调整剪切到此图层"按钮 ↩，其他设置如图 6-62 所示。按 Enter 键确定操作，效果如图 6-63 所示。输入相应文字，在"字符"面板中设置文字的填充颜色为白色，并设置合适的字体和大小，在"图层"面板中生成新的文字图层，效果如图 6-64 所示。

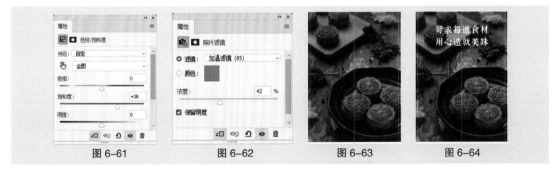

图 6-61   图 6-62   图 6-63   图 6-64

㉛ 选择"椭圆"工具 ◯，在属性栏中将填充颜色设置为深绿色（31、78、69）、描边颜色设置为淡黄色（249、244、234）、"粗细"设置为 2 像素，在图像窗口中绘制一个椭圆形，如图 6-65 所示，在"图层"面板中生成新的形状图层"椭圆 1"。单击"路径操作"按钮 ▣，在弹出的下拉列表中选择"合并形状"选项，在适当的位置绘制一个椭圆形，如图 6-66 所示。

㉜ 输入相应文字，在"字符"面板中设置文字的填充颜色为淡黄色（249、244、234），并设置合适的字体和大小，效果如图 6-67 所示。制作出图 6-68 所示的效果，在"图层"面板中分别生成新的图层。在按住 Shift 键的同时单击"矩形 3"图层，将需要的图层同时选取。按 Ctrl+G 组合键，群组图层并将其命名为"卖点提炼"。

图 6-65　　　图 6-66　　　图 6-67　　　　　图 6-68

㉝ 选择"视图 > 新建参考线"命令，弹出"新建参考线"对话框，在 4100 像素的位置创建水平参考线，对话框中的设置如图 6-69 所示。单击"确定"按钮，完成参考线的创建。

㉞ 选择"矩形"工具 ▢，在属性栏中将填充颜色设置为米色（234、218、190）、描边颜色设置为无，在图像窗口中绘制一个矩形，如图 6-70 所示，在"图层"面板中生成新的形状图层"矩形 4"。

㉟ 选择"横排文字"工具 **T.**，在适当的位置输入需要的文字并选取文字。在"字符"面板中，将"颜色"分别设置为棕红色（137、51、47）和棕色（147、111、78），并设置合适的字体和大小，效果如图 6-71 所示，在"图层"面板中分别生成新的文字图层。

㊱ 选择"文件 > 置入嵌入对象"命令，弹出"置入嵌入的对象"对话框，选择云盘中的"Ch06 > 6.3 课堂案例——月饼美食详情页设计 > 素材 > 06"文件，单击"置入"按钮，将图片置入图像窗口中。将"06"图像拖曳到适当的位置，按 Enter 键确定操作，效果如图 6-72 所示，在"图层"面板中生成新的图层，将其重命名为"分割线"。

图 6-69　　　　　图 6-70　　　　　图 6-71　　　　　图 6-72

㊲ 绘制相应图形并置入图片，制作出图 6-73 所示的效果，在"图层"面板中分别生成新的图层。在按住 Shift 键的同时单击"矩形 4"图层，将需要的图层同时选取。按 Ctrl+G 组合键，群组图层并将其命名为"百年技艺"。

㊳ 选择"视图 > 新建参考线"命令，弹出"新建参考线"对话框，在 5316 像素的位置创建水平参考线，对话框中的设置如图 6-74 所示。单击"确定"按钮，完成参考线的创建。

㊴ 选择"矩形"工具 ▢，在属性栏中将填充颜色设置为棕红色（130、51、49）、描边颜色设置为无，在图像窗口中绘制一个矩形，如图 6-75 所示，在"图层"面板中生成新的形状图层"矩形 5"。输入相应文字并置入图片，制作出图 6-76 所示的效果，在"图层"面板中分别生成新的图层。

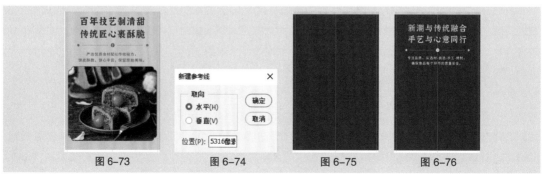

图 6-73　　　　　图 6-74　　　　　图 6-75　　　　　图 6-76

④ 绘制图形，效果如图 6-77 所示，在"图层"面板中生成新的形状图层"圆角矩形 4"。选择"文件 > 置入嵌入对象"命令，弹出"置入嵌入的对象"对话框，选择云盘中的"Ch06 > 6.3 课堂案例——月饼美食详情页设计 > 素材 > 08"文件，单击"置入"按钮，将图片置入图像窗口中。将"08"图像拖曳到适当的位置，按 Enter 键确定操作，在"图层"面板中生成新的图层，将其重命名为"和皮调馅"。按 Alt+Ctrl+G 组合键，为图层创建剪贴蒙版，效果如图 6-78 所示。

④ 选择"椭圆"工具 ◯，在属性栏中将填充颜色设置为深绿色（31、78、69），描边颜色设置为无，在按住 Shift 键的同时，在图像窗口中绘制一个圆形，在"图层"面板中生成新的形状图层"椭圆 2"。按 Alt+Ctrl+G 组合键，为图层创建剪贴蒙版，效果如图 6-79 所示。

④ 绘制相应图形并输入文字，制作出图 6-80 所示的效果，在"图层"面板中分别生成新的图层。在按住 Shift 键的同时单击"圆角矩形 4"图层，将需要的图层同时选取。按 Ctrl+G 组合键，群组图层并将其命名为"01"。

④ 制作出图 6-81 所示的效果，在"图层"面板中分别生成新的图层组，将其分别重命名为"02""03""04""05""06"。在按住 Shift 键的同时单击"矩形 5"图层，将需要的图层同时选取。按 Ctrl+G 组合键，群组图层并将其命名为"新潮传统"。

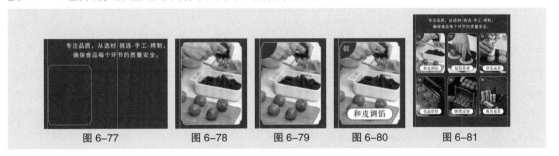

图 6-77　　　　图 6-78　　　　图 6-79　　　　图 6-80　　　　图 6-81

④ 在适当的位置新建参考线，并制作出图 6-82、图 6-83 和图 6-84 所示的效果，在"图层"面板中分别生成新的图层组，将其分别重命名为"食月知秋"和"馈赠佳选"，如图 6-85 所示。

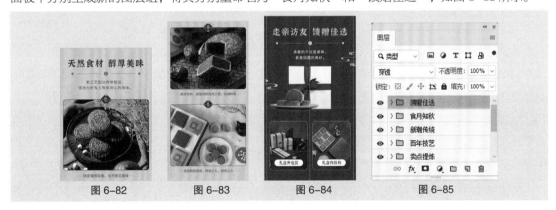

图 6-82　　　　图 6-83　　　　图 6-84　　　　图 6-85

④ 选择"视图 > 新建参考线"命令，弹出"新建参考线"对话框，在 10498 像素的位置创建水平参考线，对话框中的设置如图 6-86 所示。单击"确定"按钮，完成参考线的创建。在适当的位置输入文字、绘制图形并置入云盘中的"Ch06>6.3 课堂案例——月饼详情页设计 > 素材 >18"文件，效果如图 6-87 所示，在"图层"面板中分别生成新的图层。

④ 选择"直线"工具 ╱，在属性栏中将填充颜色设置为无、描边颜色设置为棕黄色（147、111、78）、"粗细"设置为 2 像素。在按住 Shift 键的同时，在适当的位置绘制直线，如图 6-88 所示。

使用相同的方法绘制一条竖线，效果如图 6-89 所示，在"图层"面板中生成新的形状图层"形状 1"和"形状 2"。使用相同的方法绘制其他直线和竖线，效果如图 6-90 所示，在"图层"面板中分别生成新的形状图层。

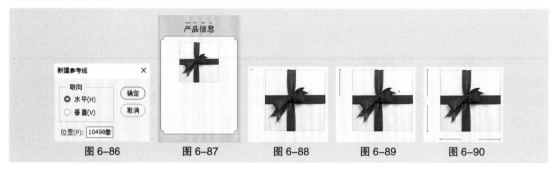

图 6-86　　　图 6-87　　　图 6-88　　　图 6-89　　　图 6-90

㊼ 选择"横排文字"工具 **T.**，在适当的位置输入需要的文字并选取文字。在"字符"面板中，将"颜色"设置为棕黄色（147、111、78），并设置合适的字体和大小，效果如图 6-91 所示，在"图层"面板中分别生成新的文字图层。

㊽ 选择"直线"工具 **/.**，在属性栏中将填充颜色设置为无、描边颜色设置为淡棕色（218、204、187）、"粗细"设置为 2 像素，单击"设置形状描边类型"选项右侧的下拉按钮，在弹出的下拉列表中选择虚线选项，如图 6-92 所示。在按住 Shift 键的同时，在适当的位置绘制直线，如图 6-93 所示，在"图层"面板中生成新的形状图层"形状 3"。使用相同的方法绘制其他直线，效果如图 6-94 所示，在"图层"面板中分别生成新的形状图层。

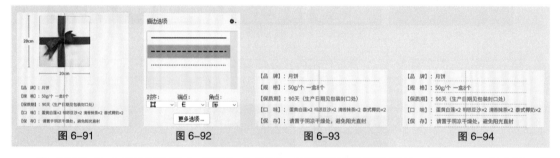

图 6-91　　　图 6-92　　　图 6-93　　　图 6-94

㊾ 在按住 Shift 键的同时单击"矩形 9"图层，将需要的图层同时选取。按 Ctrl+G 组合键，群组图层并将其命名为"产品信息"。

㊿ 选择"矩形"工具 **□.**，在属性栏中将填充颜色设置为棕红色（130、51、49）、描边颜色设置为无，在图像窗口中绘制一个矩形，如图 6-95 所示，在"图层"面板中生成新的形状图层"矩形 10"。输入相应文字并置入图片，制作出图 6-96 所示的效果，在"图层"面板中生成新的图层。

51 选择"文件 > 置入嵌入对象"命令，弹出"置入嵌入的对象"对话框，选择云盘中的"Ch06 > 6.3 课堂案例——月饼美食详情页设计 > 素材 > 23"文件，单击"置入"按钮，将图片置入图像窗口中。将"23"图像拖曳到适当的位置，按 Enter 键确定操作，如图 6-97 所示，在"图层"面板中生成新的图层，将其命名为"配送车"。

52 选择"横排文字"工具 **T.**，在适当的位置输入需要的文字并选取文字。在"字符"面板中，将"颜色"设置为白色，并设置合适的字体和大小，效果如图 6-98 所示，在"图层"面板中生成新的文字图层。

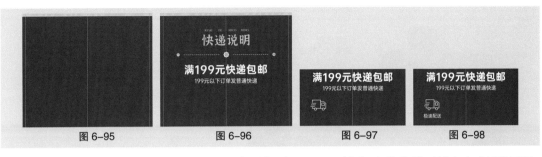

图 6-95

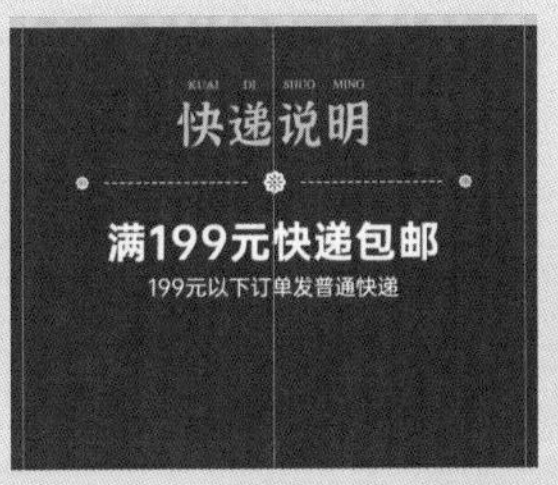

图 6-96

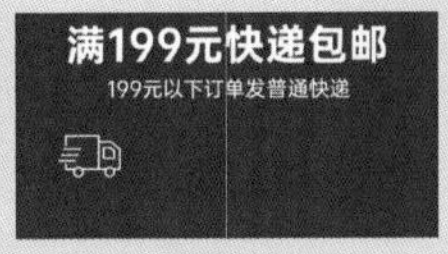

图 6-97

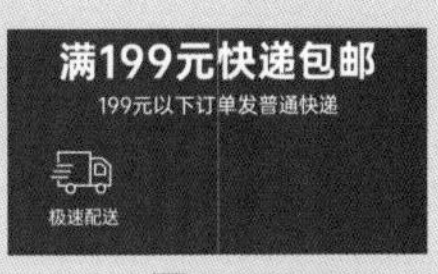

图 6-98

(53) 在适当的位置置入图片并输入相应文字，效果如图 6-99 所示，在“图层”面板中生成新的图层。在按住 Shift 键的同时，单击“配送车”图层，将需要的图层同时选取。按 Ctrl+G 组合键，群组图层并将其命名为“图标”。在按住 Shift 键的同时，单击“矩形 10”图层，将需要的图层同时选取。按 Ctrl+G 组合键，群组图层并将其命名为“快递说明”。

(54) 选择“文件 > 导出 > 存储为 Web 所用格式（旧版）”命令，在弹出的对话框中进行设置，如图 6-100 所示，单击“存储”按钮，导出效果图。月饼美食详情页制作完成。

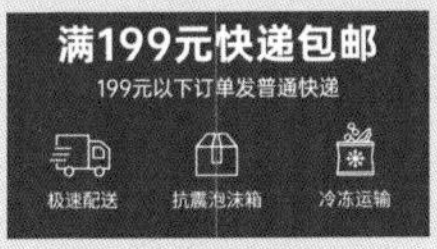

图 6-99

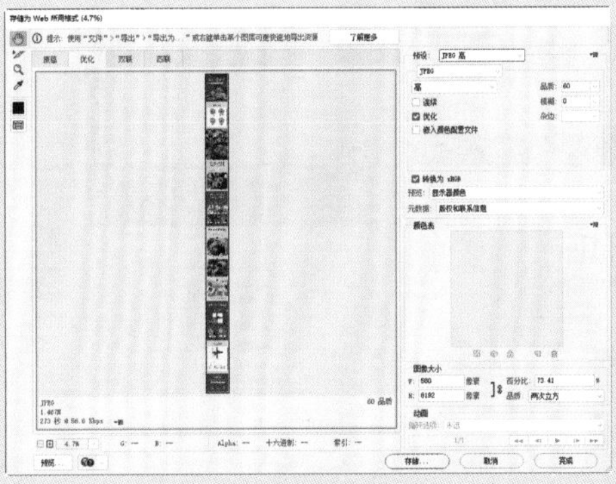

图 6-100

6.4 课堂练习——餐具产品详情页设计

【案例设计要求】

（1）运用 Photoshop 制作详情页。

（2）详情页的宽度为 790 像素。

（3）符合详情页设计要点，体现出行业风格。

【案例学习目标】使用 Photoshop 中的多种工具和命令，制作餐具产品详情页。

【案例知识要点】使用“矩形”工具 □、“圆角矩形”工具 ▢、“椭圆”工具 ○、“直线”工具 ／ 和“钢笔”工具 ✎ 绘制图形，使用“横排文字”工具 T 输入文字，使用“渐变叠加”命令、“投影”命令、“内发光”命令及“斜面和浮雕”命令添加图层样式，使用“对齐”命令和“创建剪贴蒙版”命令调整餐具产品详情页的细节，效果如图 6–101 所示。

【效果所在位置】云盘 \Ch06\6.4 课堂练习——餐具产品详情页设计 \ 工程文件 .psd。

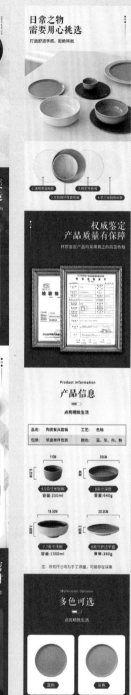

图 6-101

6.5 | 课后习题——运动鞋详情页设计

【案例设计要求】

（1）运用 Photoshop 制作详情页。

（2）详情页的宽度为 790 像素。

（3）符合详情页设计要点，体现出行业风格。

【案例学习目标】使用 Photoshop 中的多种工具和命令，制作运动鞋详情页。

【案例知识要点】使用"矩形"工具 □ 、"椭圆"工具 ○ 、"多边形"工具、"路径选择"工具 ▶ 、"直线"工具 ╱ 和"钢笔"工具 ◊ 绘制图形，使用"直排文字"工具输入文字，使用"投影"命令添加图层样式，使用"对齐"命令和"添加杂色"命令调整运动鞋详情页的细节，效果如图 6-102 所示。

图 6-102

扩展阅读

运动鞋详情页设计 1

运动鞋详情页设计 2

完整高清图

【效果所在位置】云盘 \Ch06\6.5 课后习题——运动鞋详情页设计 \ 工程文件 .psd。

第 7 章

PC 端店铺装修

▶ **本章介绍**

PC 端店铺装修是网店美工需要完成的重要综合型任务，精心装修的 PC 端店铺能够更好地引入流量、提升销售额。本章针对 PC 端店铺的图片切片、图片上传及店铺装修等基础知识进行系统讲解，并针对流行风格及行业的典型 PC 端店铺进行装修演练。通过对本章的学习，读者可以对 PC 端店铺的装修有一个系统的认识，并能快速掌握 PC 端店铺装修的技巧和方法，更好地完成 PC 端店铺装修工作。

学习目标

慕课视频

PC 端店铺装修

● 掌握图片的切片

● 掌握图片的上传

● 掌握店铺装修

7.1 图片的切片

在进行店铺装修之前，要将设计好的图片进行切片，否则设计稿的图片尺寸会过大或过小，从而导致无法将其上传至素材中心进行装修。下面分别从图片切片的概念和图片切片的要点两个方面进行图片切片的讲解，帮助读者掌握图片切片的方法。

7.1.1 图片切片的概念

切片是装修店铺时必不可缺的环节。它是指将一张大的图片切开，分割成多个可以独立展示的小图，如图 7-1 所示。在进行切片时，主要使用的是 Photoshop 的"切片"工具 。

图 7-1

7.1.2 图片切片的要点

在运用 Photoshop 进行切片时，为了使切片合理规范，需要掌握一定的要点。下面详细讲解切片的要点。

1. 参考线

在 Photoshop 的标尺上按住鼠标左键并拖曳，可以创建参考线，根据参考线进行切片会更加精确。

2. 切片位置

在切片时，不要将一个完整的区域切开。应根据商品和文字切割出完整图片，以免因网速慢等造成图片不能完整展示，影响消费者的观看体验。

3. 切片导出的颜色

在导出切片时，需要导出为 Web 所用格式的网页安全色。以保证店铺中的设计在不同浏览器、不同设备中都可以进行无损失、无偏差的颜色输出。

4. 切片导出的格式

在导出切片时，可为各个切片单独设置存储格式，切片导出的格式需要根据应用效果进行选择。通常颜色丰富、尺寸较大、背景不透明的切片，选择 .jpg 格式；尺寸较小、颜色单一和背景透明的切片，选择 .gif 或 .png-8 格式；半透明的切片选择 .png-24 格式。

7.1.3　课堂案例——家具产品首页图片切片

【案例学习目标】使用 Photoshop 中的"切片"工具 ✐，制作家具产品首页图片切片。

【案例知识要点】使用"切片"工具 ✐ 制作家具产品首页图片切片，如图 7-2 所示。

图 7-2

【效果所在位置】云盘 \Ch07\7.1.3 课堂案例——家具产品首页图片切片 \ 效果。

① 按 Ctrl + O 组合键，选择云盘中的"Ch07 > 7.1.3 课堂案例——家具产品首页图片切片 > 素材 > 01.psd"文件，单击"打开"按钮，如图 7-3 所示。

图 7-3

② 选择"矩形"工具 □，在属性栏的"选择工具模式"下拉列表中选择"形状"选项，将填充颜色设置为黑色、描边颜色设置为无。在图像窗口中的适当位置绘制矩形，在"图层"面板中生成新的形状图层"矩形 1"。选择"窗口 > 属性"命令，弹出"属性"面板，在面板中进行设置，如图 7-4 所示，效果如图 7-5 所示。

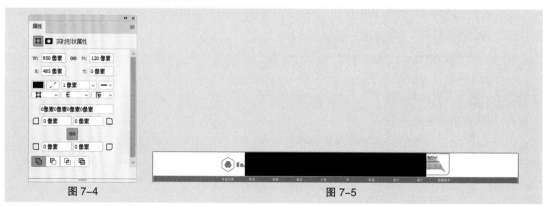

图 7-4　　　　　　　　　　　　　图 7-5

③ 按 Ctrl+R 组合键，显示标尺。选择"视图 > 对齐到 > 全部"命令。在图像窗口中的左侧标尺上按住鼠标左键并水平向右拖曳，在矩形左侧锚点的位置松开鼠标，完成参考线的创建，效果如图 7-6 所示。使用相同的方法，在矩形右侧锚点的位置创建一条参考线。在"图层"面板中选中"矩形 1"图层，按 Delete 键将其删除，效果如图 7-7 所示。

图 7-6

图 7-7

④ 选择"切片"工具 ✐，在图像窗口中绘制一个大小为 950 像素 ×120 像素的选区，如图 7-8 所示。在图像窗口中绘制一个大小为 1920 像素 ×850 像素的选区，如图 7-9 所示。使用相同的方法，在图像窗口中绘制其他选区，效果如图 7-10 所示。

图 7-8

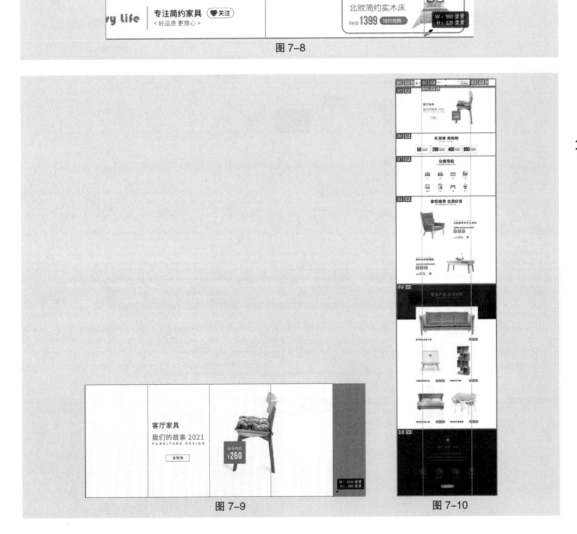

图 7-9

图 7-10

⑤ 选择"文件 > 导出 > 存储为 Web 所用格式（旧版）"命令，在弹出的对话框中进行设置，如图 7-11 所示，单击"存储"按钮，导出效果图，如图 7-12 所示。删除"01_01""01_03""01_04"文件并重命名其他文件，效果如图 7-13 所示。

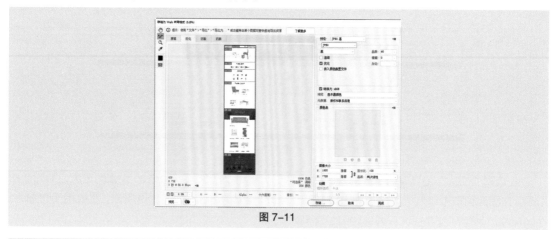

图 7-11

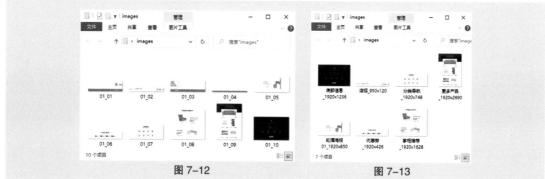

图 7-12　　　　图 7-13

⑥ 按 Ctrl + O 组合键，打开云盘中的"Ch07 > 7.1.3 课堂案例——家具产品首页图片切片 > 素材 > 01.psd"文件，选择"切片"工具 ✐，在图像窗口中绘制一个大小为 1920 像素 × 150 像素的选区，如图 7-14 所示。在"图层"面板中，分别单击"轮播海报 1"图层和"导航文字"图层左侧的眼睛图标 ◉，将这两个图层隐藏，效果如图 7-15 所示。

图 7-14

图 7-15

⑦ 使用相同的方法，在图像窗口中绘制其他选区，如图 7-16 所示。分别导出"轮播海报 2"和"轮播海报 3"图片切片，并将其重命名，效果如图 7-17 所示。家具产品首页图片切片制作完成。

图 7-16　　　　　　　　　　　　　图 7-17

7.2　图片的上传

在图片切片完成后，需要将图片统一上传至素材中心，在进行店铺装修时直接从素材中心调用即可，方便网店美工工作。下面分别从素材中心的概述、素材中心的功能和素材中心的管理 3 个方面进行图片上传的讲解，帮助读者掌握图片上传的方法，为后续的店铺装修奠定基础。

7.2.1　素材中心的概述

素材中心包含装修店铺需要的素材，其中还有多种风格的模块样式，可以极大地提升网店美工装修店铺的效率。下面对素材中心的概述进行详细讲解。

1. 素材中心的概念

素材中心是淘宝商家的线上存储空间，可以存储与店铺装修相关的图片、视频、音乐和动图等素材。通常先将相关素材上传到素材中心，在装修店铺时进行调取使用。

登录淘宝网，进入千牛卖家中心，然后单击界面左侧导航栏中的"店铺"选项卡，进入店铺界面，接着选择"店铺管理"列表中的"图片空间"选项即可进入素材中心，如图 7-18 所示。另外还可以通过登录淘宝网，单击"卖家中心"，打开千牛卖家的方式进入素材中心或直接输入网址"tu.taobao.com"进入素材中心。

图 7-18

2. 素材中心的容量

素材中心的容量并不是无限地免费使用的。目前，平台根据店铺的等级给予商家不同大小的免费容量。钻石级及以下的商家的免费容量为 1GB，皇冠级商家的免费容量为 4GB，红冠级商家的免费容量为 30GB。如果素材中心的容量不够用，商家可以通过付费购买的方式来扩大素材中心的容量。

3. 素材中心的优势

素材中心在店铺装修过程中具有独特的优势，具体表现为安全稳定、管理方便和浏览快速这 3

个方面。

（1）安全稳定

素材中心由淘宝官方直接研发，采用 CDN 存储，令存储的数据更加稳定和安全。

（2）管理方便

素材中心可以对上传的素材进行分类，并且可以让图片更好地展示，方便查找与管理。此外，即使服务器过期，也不影响图片的使用，这样不仅能节约时间，还能避免再次上传图片的麻烦。

（3）浏览快速

在素材中心浏览图片，就如同使用计算机查看桌面文件一样方便。与此同时，店铺装修时应用素材中心中的图片可以加快页面打开的速度，这样可以提高消费者的浏览量，提高转化率。

7.2.2　素材中心的功能

图片、视频、音频和动图素材在素材中心的操作基本一样，这里以图片为例分别讲解素材中心中的上传、替换、删除与还原、复制与移动等功能。

1．上传

进入素材中心，单击界面右上角的"上传"按钮，打开"上传图片"对话框，如图 7-19 所示。由"上传图片"对话框可知，可以通过拖曳和单击"上传"链接两种方式进行图片上传。

2．替换

当图片上传至素材中心后，在图片列表中选中需要替换的图片，单击"替换"按钮，打开"打开"窗口，在窗口中选中需要的图片，单击"打开"按钮之后会弹出"替换"对话框，单击"确定"按钮即可完成替换，如图 7-20 所示。

图 7-19

图 7-20

3．删除与还原

在素材中心的图片列表中选中需要删除的图片，单击"删除"按钮，会弹出是否确认删除的对话框，单击"确定"按钮即可完成删除。或将鼠标指针移动到需要删除的图片上，在弹出的按钮中，单击"删除"按钮进行删除。删除的图片会被放入图片回收站，在图片回收站内可对图片进行彻底删除和还原操作，如果 7 天内未对图片进行还原操作，则图片会被彻底删除，如图 7-21 所示。

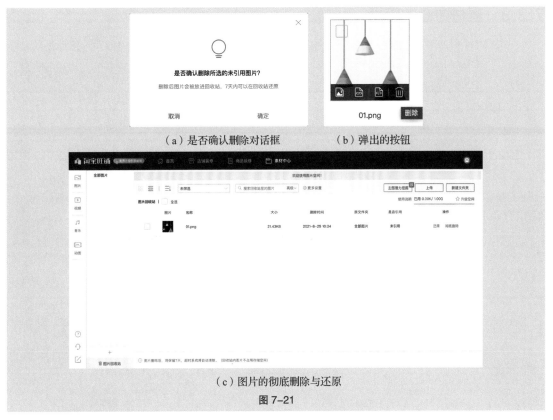

（a）是否确认删除对话框　　　（b）弹出的按钮

（c）图片的彻底删除与还原

图 7-21

4．复制与移动

将需要的图片上传到素材中心后，往往还需要复制和移动图片到对应文件夹中，进行图片整理。这样在后期装修店铺时，可以便捷地选择图片进行嵌入，提高装修工作的效率。

（1）复制

在素材中心的图片列表中选中需要复制的图片，单击"复制"按钮，在弹出的下拉列表中，单击相应按钮即可完成相关复制。或将鼠标指针移动到需要复制的图片上，在弹出的按钮中，单击"复制图片"按钮 🖼️、"复制链接"按钮 🔗、"复制代码"按钮 🔳进行相关复制，如图 7-22 所示。

（2）移动

在素材中心的图片列表中选中需要移动的图片，单击"更多"按钮，在弹出的下拉列表中，选择"移动到"选项，弹出"移动到"对话框，如图 7-23 所示。在其中选择图片需要移动到的文件夹，单击"确定"按钮即可完成移动。

图 7-22　　　　　　　　　　　　　　　图 7-23

7.2.3 素材中心的管理

在素材中心中，图片的排列会按照先文件夹后图片进行，这样的排序方式会导致整体图片展示比较散乱，不利于快速找到需要的图片，从而降低工作效率。因此需要对素材中心的图片进行管理，使其按照一定的规律排列，便于网店美工工作。下面分别讲解图片显示方式和图片授权等内容。

1. 图片显示方式

素材中心有两种图片显示方式：一种是图标式，另一种是横向列表式。这两种显示方式各有优势，图标式显示更加直观，常在制作店铺模板时使用。在素材中心中，单击界面左上角的 ▦ 按钮，即可切换成图标式显示模式，如图 7-24 所示。横向列表式能够显示图片的类型、尺寸等详细信息，常在删除或移动图片时使用。在素材中心中，单击界面左上角的 ☰ 按钮，即可切换成横向列表式显示模式，如图 7-25 所示。

图 7-24

图 7-25

除此之外，在素材中心中，单击界面左上方的 ⊟ 按钮，在弹出的下拉列表中，可以选择按照"文件名"和"上传时间"的升序或降序方式对图片进行排序。

2. 图片授权

素材中心里的图片，默认只能由当前店铺使用。但如果有商家同时经营了多个店铺，需要在不同的店铺中使用相同的图片，那么将图片重复地上传到各个店铺的素材中心再进行装修就很耽误时间，这时可以使用素材中心的"授权店铺管理"功能将图片分享给其他店铺。

要进行图片授权，需要先进入素材中心，然后单击界面上方的"更多设置"按钮，在弹出的下拉列表中，选择"授权店铺管理"选项，弹出 "授权店铺管理"对话框，如图 7-26 所示，在对话框的文本框中输入需要被授权的店铺的名称，单击"添加"按钮，然后单击"确定"按钮即可。如需撤销授权，则在该对话框的"已授权店铺管理"中进行操作。

图 7-26

7.2.4 课堂案例——家具产品首页图片上传

【案例学习目标】使用千牛卖家中心的图片空间上传家具产品首页图片。

【案例知识要点】使用"上传"按钮和"打开"按钮，在千牛卖家中心的图片空间上传家具产品首页图片。

慕课视频

家具产品首页
图片上传

① 成功登录淘宝之后，单击"千牛卖家中心"按钮，如图 7-27 所示。

★ 收藏夹 ∨　商品分类　免费开店 ｜ 千牛卖家中心 ∨　联系客服 ∨　≡ 网站导航 ∨

图 7-27

② 进入千牛界面，单击"商品"选项卡，如图 7-28 所示，在"商品管理"的列表中选择"图片空间"选项，跳转到新的界面，如图 7-29 所示。

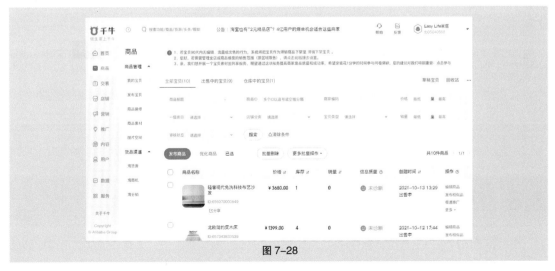

图 7-28

图 7-29

③ 双击"店铺装修"文件夹，单击界面右上角的"上传"按钮，打开"上传图片"对话框，如图 7-30 所示。单击"上传"链接，弹出"打开"对话框，选择云盘中的"Ch07 > 7.2.4 课堂案例——家具产品首页图片上传 > 素材 > 底部信息 _1920×1236 ～左按钮"文件，如图 7-31 所示。

图 7-30   图 7-31

④ 单击"打开"按钮，将图片上传到图片空间中，如图 7-32 所示。单击"确定"按钮，家具产品首页图片上传完成，效果如图 7-33 所示。

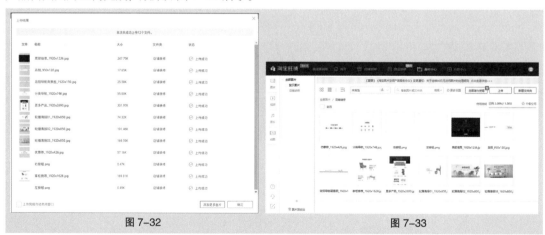

图 7-32   图 7-33

7.3 店铺装修

将需要的图片统一上传至素材中心后，即可正式进行店铺装修工作。下面分别从使用模板装修和使用模块装修两个方面进行店铺装修的讲解，帮助读者掌握店铺装修的方法。

7.3.1　使用模板装修

淘宝平台为商家提供了3套PC端和两套手机端模板，这些模板可以永久使用。下面分别讲解模板的变换和使用、模板的备份等。

1. 模板的变换和使用

登录淘宝网，进入千牛卖家中心，单击界面左侧导航栏中的"店铺"选项卡，进入店铺界面，然后选择界面左侧"店铺装修"列表中的"PC店铺装修"选项，进入PC店铺装修界面，如图7-34所示。选择左侧的"装修模板"选项进入PC端模板界面，如图7-35所示。

单击模板中的"马上使用"按钮，即可更换店铺使用的模板，并跳转到PC端页面装修界面。单击界面左侧导航栏中的"配色"选项卡，在弹出的界面中可以选择合适的颜色，完成整体配色方案的变换，如图7-36所示。

图7-34

图7-35　　　　　　　　　　　　　图7-36

如果要满足更多需求，可以在顶部导航栏中单击"装修市场"链接，进入服务市场＞装修市场界面，购买需要的模板，如图7-37所示。

图 7-37

2. 模板的备份

进入 PC 端模板界面，在最上方正在使用的模板中，单击"备份和还原"按钮，弹出"备份与还原"对话框，在其中的"备份"选项卡中的"备份名"文本框中输入名称，单击"确定"按钮，即可完成模板的备份，如图 7-38 所示。

图 7-38

在弹出的"备份与还原"对话框中，切换到"还原"选项卡。选中需要进行还原的备份，单击"应用备份"按钮，即可完成模板备份的还原；单击"删除备份"按钮，即可完成模板备份的删除，如图 7-39 所示。

图 7-39

7.3.2　使用模块装修

除了使用模板进行店铺装修，还可以通过装修模块进行店铺装修。店铺都是由模块组成的，因此必须要学会使用装修模块。下面分别讲解装修模块的认识和设置等知识。

1. 认识装修模块

登录淘宝网，进入千牛卖家中心，单击界面左侧导航栏中的"店铺"选项卡，进入店铺界面，然后选择界面左侧"店铺装修"列表中的"PC店铺装修"选项，进入PC店铺装修界面，如图7-40所示。将鼠标指针移动到需要装修的页面上，单击"装修页面"按钮，在打开的装修界面中即可看到店铺装修的基础模块，如图7-41所示。

图 7-40　　　　　　　　　　　　图 7-41

2. 设置装修模块

在打开的装修界面中，选择左侧的任意模块，按住鼠标左键，将该模块拖曳到编辑区的任意区域，然后松开鼠标，即可完成模块的添加。这里，以"自定义区"模块为例进行设置，如图7-42所示。

图 7-42

在添加的模块上单击"编辑"按钮打开"自定义内容区"对话框，在其中可对字体、图片等元素进行设置，并可以使用代码自定义内容。选中"不显示"单选项，并单击"源码"按钮 <>，切换到编辑源代码面板，如图7-43所示。

图 7-43

进入图片空间界面，选中需要的图片，并单击对应图片下方的"复制链接"按钮 ，即可复制图片链接，如图 7-44 所示。

图 7-44

在网上搜索"淘宝全屏海报代码在线生成"，找到可以生成代码的网站。按 Ctrl+V 组合键，将复制好的图片链接粘贴到该网站的"图片地址"文本框内，并设置好图片的宽度和高度，然后单击"获取代码"按钮，即可生成全屏海报代码，如图 7-45 所示。选择生成好的代码，按 Ctrl+C 组合键复制全部代码。

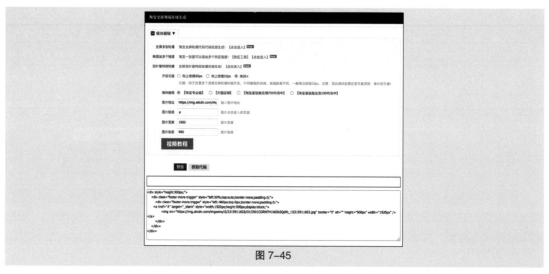

图 7-45

返回"自定义内容区"对话框，在编辑源代码面板中按Ctrl+V组合键粘贴复制的代码，如图7-46所示。在"链接网址"文本框中输入需要链接的网址，单击"确定"按钮，即可完成自定义模块的编辑操作。

图7-46

返回装修界面，单击右上角的"预览"按钮，即可查看该模块上线后的真实效果。如果添加的模块不满足要求，在装修界面中的模块上单击"删除"按钮，即可删除该模块，如图7-47所示。

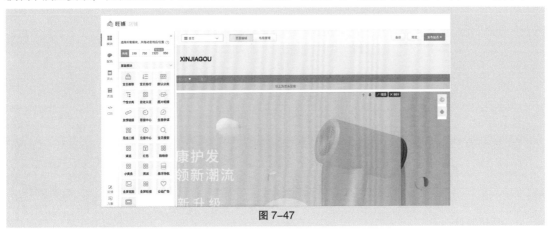

图7-47

7.3.3 课堂案例——家具产品首页装修

【案例学习目标】使用千牛卖家中心的"PC店铺装修"选项，进行家具产品首页装修。

【案例知识要点】使用"更换图片"按钮制作页头，使用"复制链接"按钮复制图片链接，使用"分享"按钮复制商品链接，使用"编辑"按钮和"添加分类"按钮装修导航模块，使用淘宝热区代码生成工具网页、淘宝导航条CSS在线制作网页及淘宝全屏轮播代码在线生成器网页生成代码，使用"预览"按钮预览装修效果，使用"自定义区"模块完成相应设计。

慕课视频

家具产品首页装修

① 成功登录淘宝后，单击"千牛卖家中心"按钮，如图7-48所示。

图 7-48

② 进入千牛界面，单击"店铺"选项卡，如图 7-49 所示，在"店铺装修"列表中选择"PC 店铺装修"选项，进入 PC 店铺装修界面，如图 7-50 所示。

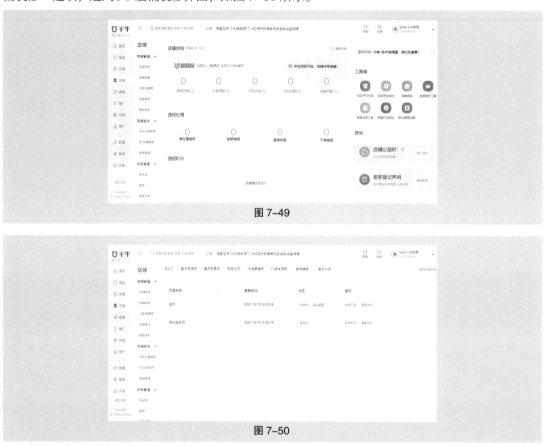

图 7-49

图 7-50

1. 店招装修

① 单击"首页"右侧的"装修页面"链接，跳转到新的界面，如图 7-51 所示。单击界面左侧导航栏中的"页头"选项卡，进入页头界面，如图 7-52 所示。

图 7-51   图 7-52

② 单击其中的"更换图片"按钮，弹出"打开"对话框，选择云盘中的"Ch07 > 7.3.3 课堂案例——家具产品首页装修 > 素材 > 店招和导航背景图_1920×150"文件，如图 7-53 所示。单击"打开"按钮，其他设置如图 7-54 所示。选择"应用到所有页面"选项，效果如图 7-55 所示。

图 7-53   图 7-54

图 7-55

③ 进入图片空间界面，选择"店招_950×120.jpg"图片，单击图片下方的"复制链接"按钮 ![icon]，复制图片链接，如图 7-56 所示。打开有用模板网，单击"热区工具"按钮 热区工具，如图 7-57 所示，进入淘宝热区代码生成工具网页，如图 7-58 所示。

图 7-56

图 7-57   图 7-58

④ 按Ctrl+V组合键,在"输入图片地址:"后的文本框中粘贴图片链接,单击"载入图片"按钮,如图7-59所示。在"关注"按钮的位置绘制一个矩形,如图7-60所示。

图 7-59　　　　　　　　　　　　　　　图 7-60

⑤ 进入首页 > 店铺装修 > 淘宝网界面,单击界面顶部导航栏右侧的"预览"按钮,如图7-61所示。跳转到装修页面预览界面,在"收藏店铺"选项的位置单击鼠标右键,在弹出的菜单中选择"复制链接地址"命令,如图7-62所示。

图 7-61

图 7-62

⑥ 返回到淘宝热区代码生成工具页面,双击绘制的矩形,弹出"链接属性"对话框,如图7-63所示。在"链接:"后的文本框中粘贴链接,其他的设置如图7-64所示,单击"确定"按钮。

图 7-63　　　　　　　　　　　　　　　图 7-64

⑦ 进入千牛界面,单击"商品"选项卡,在"商品管理"的列表中选择"我的宝贝"选项,如图7-65所示。将鼠标指针放置在"北欧简约实木床"下方"分享"按钮上,如图7-66所示,单击"复制商品链接"按钮。

⑧ 返回到淘宝热区代码生成工具页面,用相同的方法,在"北欧简约实木床"的位置绘制矩形并在"链接属性"对话框中粘贴链接,其他的设置如图7-67所示,单击"确定"按钮,效果如图7-68所示。

⑨ 单击"生成代码"按钮,弹出代码界面,如图7-69所示,全选并复制代码。进入首页 > 店铺装修 > 淘宝网界面,单击"店铺招牌"模块的"编辑"按钮,如图7-70所示。弹出"店铺招牌"对话框,将"招牌类型"选项设置为"自定义招牌",单击"自定义内容:"下的"源码"按钮，如图7-71所示,切换到编辑源代码面板。

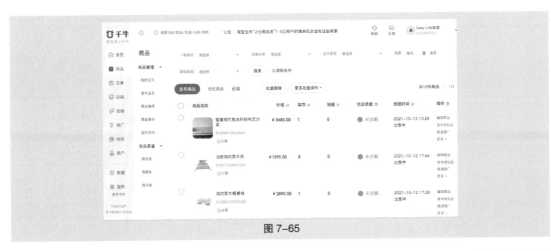

图 7-65

图 7-66

图 7-67

图 7-68

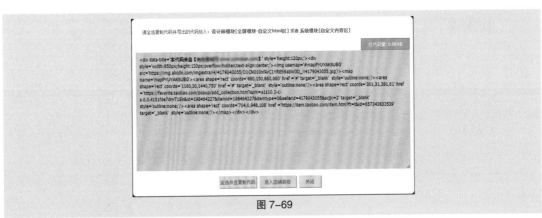

图 7-69

图 7-70

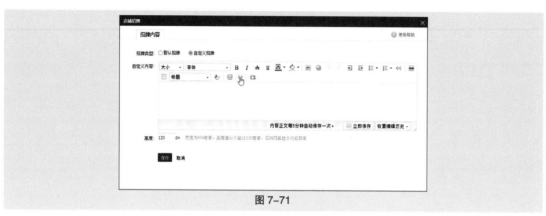

图 7-71

⑩ 按 Ctrl+V 组合键，将复制的代码粘贴到编辑源代码面板中，如图 7-72 所示，单击"保存"按钮，效果如图 7-73 所示。

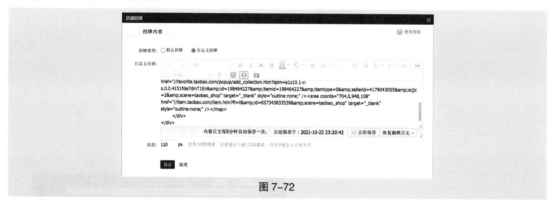

图 7-72

图 7-73

2. 导航装修

① 单击"导航"模块的"编辑"按钮，弹出"导航"对话框，如图 7-74 所示。单击对话框右下角的"添加"按钮，弹出"添加导航内容"对话框，如图 7-75 所示。单击"管理分类"链接，跳转到宝贝分类管理界面，如图 7-76 所示。单击界面左上角的"添加手工分类"按钮，添加分类并设置分类名称，效果如图 7-77 所示，单击"保存更改"按钮进行保存。

② 单击界面右侧导航栏中的"宝贝管理"选项卡，切换到宝贝分类界面，单击"添加分类"按钮，为宝贝添加分类，如图 7-78 所示。返回到首页 > 店铺装修 > 淘宝网界面并刷新，在"添加导航内容"对话框中，勾选需要的分类对应的复选框，如图 7-79 所示，单击"确定"按钮。将宝贝分类添加到导航设置中，如图 7-80 所示，单击"确定"按钮。

图 7-74   图 7-75

图 7-76

图 7-77

图 7-78

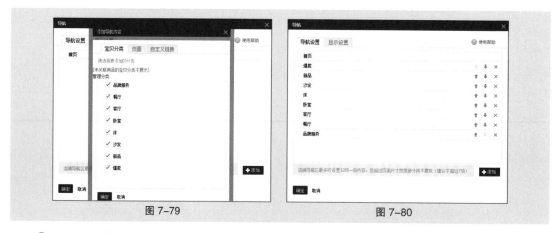

图 7-79   图 7-80

③ 打开有用模板网，单击"导航样式编辑器"按钮，进入淘宝导航条 CSS 在线制作网页，如图 7-81 所示。在"导航条设置"和"下拉导航设置"栏中进行设置，如图 7-82 所示。

图 7-81

图 7-82

④ 单击"预览"按钮查看效果，如图 7-83 所示。单击"获取代码"按钮，将导航 CSS 代码全选并复制，如图 7-84 所示。

图 7-83

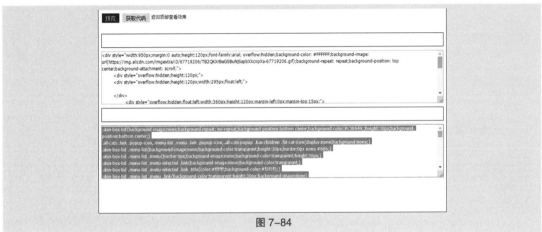

图 7-84

⑤ 返回到首页 > 店铺装修 > 淘宝网界面，选择"显示设置"选项，打开"导航"对话框，按 Ctrl+V 组合键，将复制的代码粘贴到对话框中，如图 7-85 所示，单击"确定"按钮，效果如图 7-86 所示。

图 7-85　　　　　　　　　　　　　　　　　　图 7-86

3. 轮播海报装修

① 单击"图片轮播"模块的"删除"按钮，如图 7-87 所示，删除模块。用相同的方法，删除其他不需要的模块，效果如图 7-88 所示。

② 单击界面左侧导航栏中的"模块"选项卡，进入模块界面，如图 7-89 所示。将"自定义区"模块拖曳到编辑区，如图 7-90 所示。打开有用模板网，单击"全屏轮播生成"按钮，进入淘宝全屏轮播代码在线生成器网页，如图 7-91 所示。

图 7-87

图 7-88

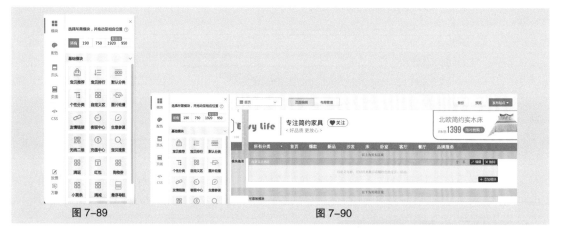

图 7-89   图 7-90

图 7-91

③ 进入图片空间界面，选择"轮播海报 01_1920×850.jpg"图片，单击图片下方的"复制链接"按钮 ，复制图片链接，如图 7-92 所示。返回到淘宝全屏轮播代码在线生成器页面，在"图片配置"栏中进行设置。按 Ctrl+V 组合键，将复制的链接粘贴到"图片地址"下相应的文本框中，如图 7-93 所示。

图 7-92

图 7-93

④ 进入千牛界面，单击"商品"选项卡，在"商品管理"的列表中选择"我的宝贝"选项，将鼠标指针放置在"北欧实木现代简约餐桌椅"下方"分享"按钮上，如图 7-94 所示，单击"复制商品链接"按钮。返回到淘宝全屏轮播代码在线生成器页面，按 Ctrl+V 组合键，将复制的链接粘贴到"链接地址"下相应的文本框中，如图 7-95 所示。

图 7-94

图 7-95

⑤ 用相同的方法，分别将"轮播海报 02_1920×850.jpg"和"轮播海报 03_1920×850.jpg"图片的链接复制到相应文本框中，如图 7-96 所示。单击"展示效果"选项卡，用相同的方法，分别将"左按钮"和"右按钮"图片的链接复制到相应文本框中，如图 7-97 所示。单击"获取代码"按钮，全选并复制代码，如图 7-98 所示。

图 7-96

图 7-97

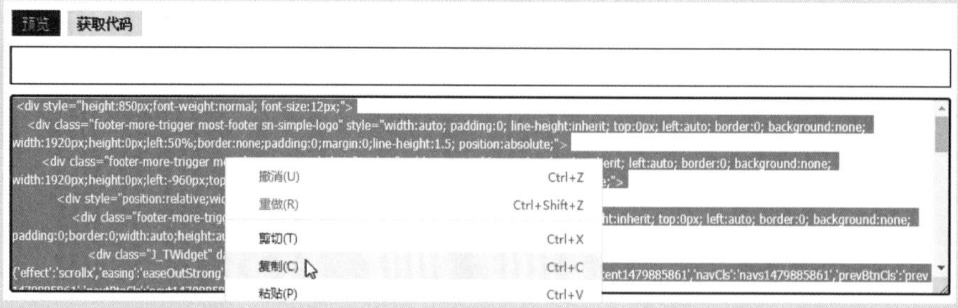

图 7-98

⑥ 进入首页 > 店铺装修 > 淘宝网界面，单击"自定义区"模块的"编辑"按钮，弹出"自定义内容区"对话框，将"显示标题"选项设置为"不显示"，单击"源码"按钮，切换到编辑源代码面板，如图 7-99 所示。按 Ctrl+V 组合键，将复制的代码粘贴到面板中，如图 7-100 所示，单击"确定"按钮，效果如图 7-101 所示。

图 7-99

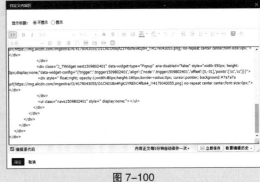

图 7-100

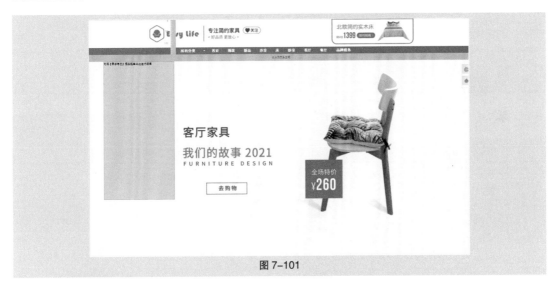

图 7-101

4. 优惠券装修

① 将"自定义区"模块拖曳到编辑区,如图 7-102 所示。在图片空间界面中,复制"优惠券 _1920×426.jpg"图片的链接,如图 7-103 所示。在淘宝热区代码生成工具网页中,按 Ctrl+V 组合键,粘贴图片链接,单击"载入图片"按钮,并绘制矩形热区,如图 7-104 所示。

图 7-102

<table>
<tr><td>图 7-103</td><td>图 7-104</td></tr>
</table>

② 进入千牛界面，单击"营销"选项卡，在"已报管理"的列表中选择"营销工具"选项，如图 7-105 所示。选择"优惠券"选项，弹出商家营销中心界面，在"自定义新建"下方单击"创建店铺券"按钮，创建优惠券，如图 7-106 所示。

图 7-105

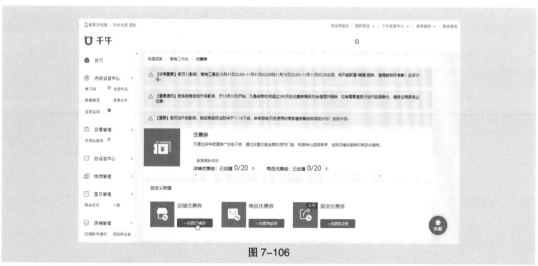

图 7-106

③ 当优惠券创建完成后，在"店铺优惠券"选项卡中，选择需要的优惠券，单击右侧的"获取链接"链接，如图 7-107 所示。弹出"链接地址"对话框，单击"复制链接"按钮，复制优惠券链接，如图 7-108 所示。

图 7-107   图 7-108

④ 返回到淘宝热区代码生成工具页面，双击绘制的矩形，弹出"链接属性"对话框，在"链接："后的文本框中粘贴链接，其他的设置如图 7-109 所示，单击"确定"按钮。用相同的方法，绘制其他热区并添加链接，效果如图 7-110 所示。生成并复制代码，进入首页 > 店铺装修 > 淘宝网界面，在"自定义内容区"对话框中将复制的代码粘贴到面板中，单击"保存"按钮，效果如图 7-111 所示。

图 7-109   图 7-110

图 7-111

⑤ 用相同的方法，对"分类导航"模块、"掌柜推荐"模块、"更多产品"模块和"底部信息"模块进行装修。家具产品首页装修工作完成后的效果如图 7-112 所示。

图 7-112

7.4 课堂练习——数码产品首页图片切片

【案例学习目标】使用 Photoshop 中的"切片"工具 ，制作数码产品首页图片切片。

【案例知识要点】使用"切片"工具 ✂ 制作数码产品首页图片切片，如图 7-113 所示。

【效果所在位置】云盘 \Ch07\7.4 课堂练习——数码产品首页图片切片 \ 效果。

慕课视频
数码产品首页图片切片

图 7-113

7.5 课后习题——数码产品首页装修

【案例学习目标】使用千牛卖家中心的"PC 店铺装修"选项进行数码产品首页装修。

【案例知识要点】使用"更换图片"按钮制作页头，使用"复制链接"按钮 📋 复制图片链接，使用"分享"按钮复制商品链接，使用"编辑"按钮和"添加分类"按钮装修导航模块，使用淘宝热区代码生成工具网页、淘宝导航条 CSS 在线制作网页及淘宝全屏轮播代码在线生成器网页生成代码，使用"预览"按钮预览装修效果，使用"自定义区"模块完成相应设计，如图 7-114 所示。

慕课视频
数码产品首页装修

扩展阅读
完整高清图

图 7-114

第 8 章

手机端店铺设计

08

本章介绍

随着移动互联网的发展与普及，消费者通过手机端店铺进行网购已经成为常见现象。因此，手机端店铺的设计对于商家而言至关重要，是网店美工设计任务中的核心任务。本章针对手机端店铺的基本概述、首页设计模块及详情页设计模块等基础知识进行系统讲解，并针对流行风格及行业的典型手机端店铺首页、详情页进行设计演练。通过对本章的学习，读者可以对手机端店铺的设计有一个系统的认识，并能快速掌握手机端店铺的设计规范和制作方法，成功制作出手机端店铺的相关页面。

学习目标

慕课视频

手机端店铺
设计

● 掌握手机端店铺的基础知识
● 掌握手机端店铺首页设计模块
● 掌握手机端店铺详情页设计模块

8.1 手机端店铺概述

手机端网购的便利性和普遍性，促使商家大力发展手机端店铺。如今消费者通过手机端店铺购物已经成为常见现象。下面分别从手机端店铺设计的必要性、手机端与 PC 端店铺的区别和手机端店铺的设计关键点 3 个方面进行手机端店铺基础知识的讲解，帮助读者了解手机端店铺。

8.1.1 手机端店铺设计的必要性

随着移动互联网的发展与普及，大众使用移动设备上网的时间远远超过计算机。淘宝、京东、一条等电商平台顺应时代趋势，相继开发出手机端 App 便于广大消费者使用移动设备进行购物。移动设备有着方便灵活的特点，极大地满足了消费者随时随地进行购物的需求。如今，消费者通过移动设备进行购物的次数不断增多，甚至在重大节假日，通过手机端进行购物的消费者人数已经远超 PC 端。因此，手机端店铺的设计与装修对于商家而言至关重要，图 8-1 所示为设计精美的手机端店铺。

图 8-1

8.1.2 手机端店铺与 PC 端店铺的区别

在装修过程中，把 PC 端店铺的图片直接运用到手机端店铺中，会产生尺寸不合适和呈现效果不理想等问题。手机端店铺的设计看似简单，实则大有名堂，对最终的商品成交起着关键作用。下面分别对手机端店铺和 PC 端店铺的区别进行介绍。

1. 设计尺寸不同

手机端店铺和 PC 端店铺的设计尺寸大有不同，不能将设计好的 PC 端店铺图片直接运用在手机端店铺中，否则会引发界面混乱、显示不全和效果不佳等问题。以店铺首页为例，手机端店铺首页的宽度通常为 1200 像素，而 PC 端店铺的首页宽度一般为 1920 像素，如图 8-2 所示。

2. 页面布局不同

由于设计尺寸的不同，手机端店铺与 PC 端店铺的布局也有所区别，以增强手机端店铺的浏览体验。如在 PC 端店铺为左右布局的横版海报，在手机端店铺中则需要设计成上下布局的竖版海报，如图 8-3 所示。

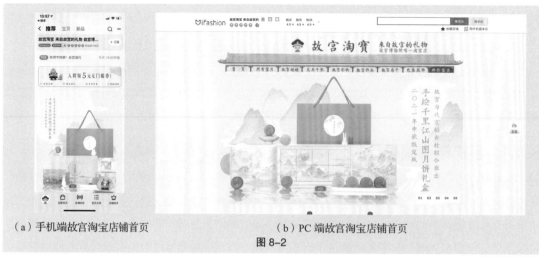

（a）手机端故宫淘宝店铺首页　　　　　　　　（b）PC端故宫淘宝店铺首页

图 8-2

（a）手机端海蓝之谜
官方旗舰店首页　　　　　　　　　（b）PC端海蓝之谜官方旗舰店首页

图 8-3

3. 构成模块不同

手机端店铺的构成模块划分清晰，并且会根据设备特点加入更能吸引消费者的模块。如在手机端店铺首页中，通常会在店招下方加入文字标题、店铺热搜和店铺会员等模块，比 PC 端店铺首页的内容更加丰富，如图 8-4 所示。

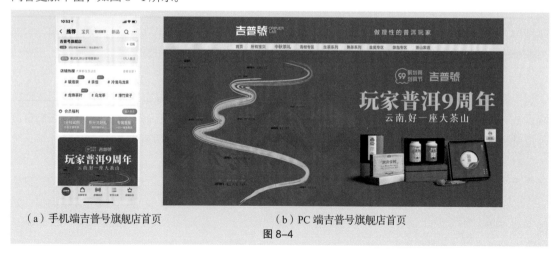

（a）手机端吉普号旗舰店首页　　　　　　　　（b）PC端吉普号旗舰店首页

图 8-4

4. 文字内容不同

由于尺寸较小，手机端店铺需要在有限的空间中进行设计。相较于 PC 端店铺，手机端店铺无法通过比较详细的文字说明商品，只会选择更重要的文案内容，并且对价格等进行加重和调整颜色处理，以起到强调作用，令其更适合在手机端展示，如图 8-5 所示。

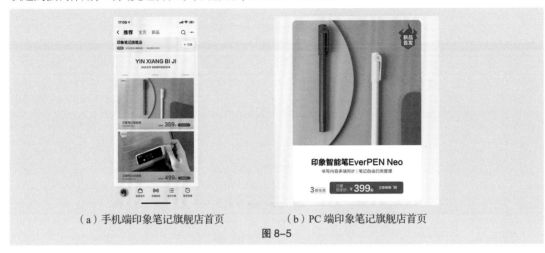

（a）手机端印象笔记旗舰店首页　　　　（b）PC 端印象笔记旗舰店首页

图 8-5

8.1.3　手机端店铺设计的关键点

消费者在手机端店铺购物得到了便捷的体验，但对于网店美工来说，设计手机端店铺面临着巨大的挑战。因此在进行手机端店铺装修时，应该掌握其设计关键点，才能达到事半功倍的效果，下面分别讲解手机端店铺的 4 个设计关键点。

1. 符合浏览规范

为了保证消费者在手机端购物的体验，设计的店铺需要符合手机端的规范。例如，设计尺寸、字号大小、图片尺寸和颜色搭配等都要按照手机端的规范进行设计，避免出现浏览问题，减弱消费者的购物欲望。

2. 统一视觉元素

手机端店铺虽然要根据手机端的特点进行设计，但也要注意与 PC 端店铺的视觉元素进行统一，不能令消费者感觉进入的是两个不同的店铺。因此应统一视觉元素，增强品牌关联性。

3. 进行页面统一

除了平台与平台之间的视觉统一，还需要保证页面本身及页面之间的视觉统一。在设计单张页面时，整张页面需要协调统一，并且各个页面之间也可以相互衔接，促成交易。

4. 合理运用模块

设计手机端店铺时不要为了丰富内容而加入大量模块，应根据店铺特点和活动要求，合理使用模块。页面的信息量要合适，如首页内容多控制在 6 个屏幕以内，这样不会显得烦琐杂乱，可以令消费者愉悦轻松地进行浏览。

8.2　手机端店铺首页设计模块

手机端店铺首页的宽度为 1200 像素，高度不限，其设计模块可以根据商家的不同需求和后台装修模块进行组合变化。首页的核心模块通常由店招、文字标题、店铺热搜、轮播海报、优惠券、分类模块、商品展示、底部信息、排行榜和逛逛更多构成，如图 8-6 所示。

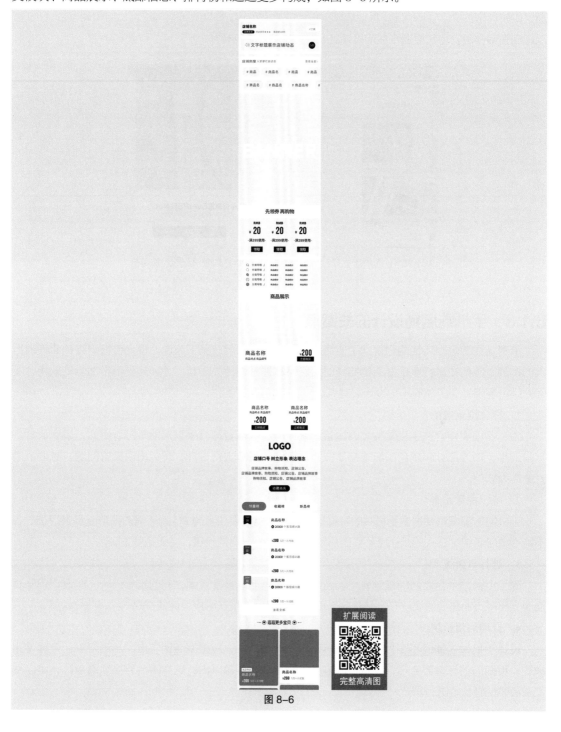

图 8-6

8.2.1 店招

手机端店铺首页的店招无需网店美工进行设计，由后台装修自动生成，如图 8-7 所示。

图 8-7

8.2.2 文字标题

手机端店铺首页的文字标题用于展示店铺动态和凸显店铺优势，通常位于店招下方，起到宣传商品、促进购买的作用。手机端淘宝店铺中的文字标题无需网店美工进行设计，由后台装修自动生成，并且可以更换样式，如图 8-8 所示。需要注意的是，文字标题不能超过 20 个字。

图 8-8

8.2.3 店铺热搜

手机端店铺首页的店铺热搜用于展示店铺的热搜关键词，通常位于文字标题下方，起到吸引消费者、提升销量的作用。手机端淘宝店铺中的店铺热搜无需网店美工进行设计，由后台自动生成，并且可以更换样式，如图 8-9 所示。当搜索关键词不足 3 个时，该模块则不在店铺首页中进行展示。

8.2.4 轮播海报

手机端店铺首页的轮播海报是需要网店美工进行设计的模块，其宽度为 1200 像素，高度为 120 像素~ 2000 像素，支持 .jpg 或 .png 格式，大小不能超过 2MB，如图 8-10 所示。

图 8-9

图 8-10

8.2.5 优惠券

手机端店铺首页的优惠券可以依据 5.2.3 小节中 PC 端店铺首页优惠券的设计知识进行设计。需要注意的是，优惠券的尺寸、字号和颜色搭配要符合手机端的浏览规范，如图 8-11 所示。

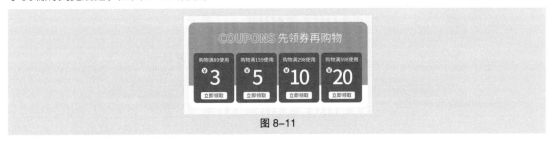

图 8-11

8.2.6 分类模块

在手机端店铺中，消费者的浏览方式是上下滑动，因此在设计页面时会尽量减少大规模的点击交互，分类模块通常在商品类型丰富的店铺中保留。手机端店铺首页的分类模块可以参考 5.2.4 小节中 PC 端店铺首页分类模块的设计知识进行设计。需要注意的是，在设计手机端店铺中的分类模块时，有时会进行简化处理，以节约空间，如图 8-12 所示。

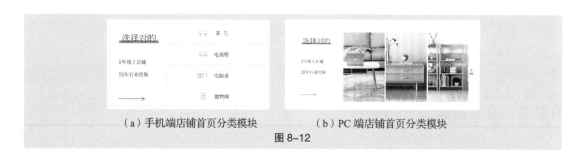

（a）手机端店铺首页分类模块　　　（b）PC端店铺首页分类模块

图 8-12

8.2.7　商品展示

手机端店铺首页的商品展示模块可以参考 5.2.5 小节中 PC 端店铺首页商品展示的设计知识进行设计。由于面积有限，手机端店铺首页的商品展示无法像 PC 端店铺那样 1 行 4 列地展示商品，通常会以 1 行 1 列、1 行 2 列或 1 行 3 列的形式进行展示，如图 8-13 所示。当以 1 行 1 列展示商品时，可以设计单图海报，其宽度为 1200 像素，高度为 120 像素～ 2000 像素。当以 1 行 2 列或 1 行 3 列展示商品时，头部可加入 Banner 以提升美感，Banner 的宽度为 1200 像素，高度为 376 像素或 591 像素，支持 .jpg 和 .png 格式，大小不超过 2MB。

图 8-13

8.2.8　底部信息

底部信息位于页面底部，消费者在浏览时容易产生视觉疲劳。因此，大部分手机端店铺会去除底部信息。在个别保留底部信息的手机端店铺中，会对 PC 端店铺首页的底部信息进行元素简化或颜色变化等处理，以减轻消费者的浏览负担并吸引消费者观看，如图 8-14 所示。

（a）手机端店铺首页底部信息　　　　（b）PC 端店铺首页底部信息

图 8-14

8.2.9　排行榜

手机端店铺的排行榜主要用于向消费者展示店铺中销量榜、收藏榜和新品榜的前三名商品，通常位于手机端店铺首页的尾部，起到推荐商品、指引购买的作用。手机端淘宝店铺中的排行榜不用网店美工进行设计，由后台自动生成，并且可以更换样式，如图 8-15 所示。当商品不足 3 个时，则该模块不在店铺首页中进行展示。

图 8-15

8.2.10 逛逛更多

手机端店铺的逛逛更多用于向消费者推荐店铺中的其他热门产品，通常位于手机端店铺首页的底部，起到推荐商品、促进购买的作用。手机端淘宝店铺中的逛逛更多无需网店美工进行设计和装修，由相关算法自动生成，如图 8-16 所示。

图 8-16

【案例设计要求】

（1）运用 Photoshop 制作首页。

（2）首页的尺寸为 1200 像素 ×9416 像素。

（3）符合首页设计要求，体现出行业风格。

【案例学习目标】通过设计手机端店铺家具产品首页，明确当下家具行业手机端店铺首页的设计风格并掌握手机端店铺首页的设计要点与制作方法。

【案例知识要点】根据 5.3 节课堂案例中的家具产品首页设计，进行手机端店铺家具产品首页的设计，效果如图 8-17 所示。

图 8-17

【效果所在位置】云盘 \Ch08\8.3 课堂案例——手机端店铺家具产品首页设计 \ 工程文件 .psd。

① 按 Ctrl+N 组合键，弹出"新建文档"对话框，在其中设置"宽度"为 1200 像素、"高度"为 9416 像素、"分辨率"为 72 像素 / 英寸、"颜色模式"为 RGB、"背景内容"为白色，如图 8-18 所示，单击"创建"按钮，新建一个文件。

图 8-18

② 选择"矩形"工具 □，在属性栏的"选择工具模式"下拉列表中选择"形状"选项，将填充颜色设置为黑色、描边颜色设置为无。在图像窗口中的适当位置绘制矩形，在"图层"面板中生成新的形状图层"矩形 1"。选择"窗口 > 属性"命令，弹出"属性"面板，在面板中进行设置，如图 8-19 所示，效果如图 8-20 所示。

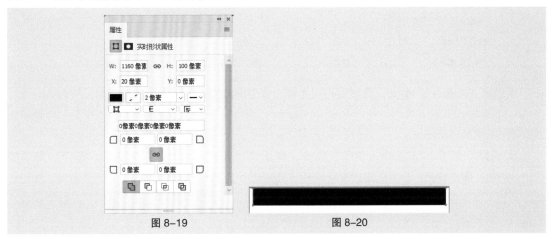

图 8-19   图 8-20

③ 按 Ctrl+R 组合键，显示标尺。选择"视图 > 对齐到 > 全部"命令。在图像窗口中的左侧标尺上按住鼠标左键并水平向右拖曳，在矩形左侧锚点的位置松开鼠标，完成参考线的创建，效果如图 8-21 所示。使用相同的方法，在矩形右侧锚点的位置创建一条参考线，效果如图 8-22 所示。

图 8-21   图 8-22

④ 按 Ctrl+T 组合键，图形周围出现变换框，如图 8-23 所示。在图像窗口中的左侧标尺上按住鼠标左键并水平向右拖曳，在矩形中心点的位置松开鼠标，完成参考线的创建，效果如图 8-24 所示。按 Enter 键确定操作，在"图层"面板中选中"矩形 1"图层，按 Delete 键将其删除。

图 8-23　　　　　　　　　　　　图 8-24

⑤ 选择"视图 > 新建参考线"命令，弹出"新建参考线"对话框，在 1520 像素的位置创建水平参考线，对话框中的设置如图 8-25 所示。单击"确定"按钮，完成参考线的创建。

⑥ 选择"矩形"工具 □，在属性栏中将填充颜色设置为淡灰色（245、245、245）、描边颜色设置为无，在图像窗口中绘制一个矩形，如图 8-26 所示，在"图层"面板中生成新的形状图层"矩形 1"。

⑦ 在图像窗口中再绘制一个矩形，在属性栏中将填充颜色设置为无、描边颜色设置为白色、"粗细"设置为 14 像素，如图 8-27 所示，在"图层"面板中生成新的形状图层，将其命名为"白色边框"。

⑧ 选择"横排文字"工具 T，在适当的位置输入需要的文字并选取文字。选择"窗口 > 字符"命令，打开"字符"面板，在面板中分别设置文字的填充颜色为深灰色（73、73、74）和深卡其色（195、135、73），并设置合适的字体和大小，在"图层"面板中生成新的文字图层，效果如图 8-28 所示。

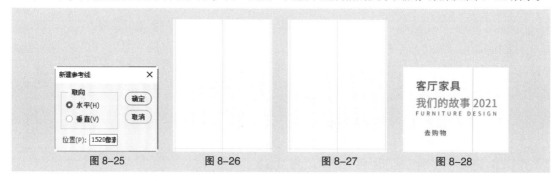

图 8-25　　　　　图 8-26　　　　　图 8-27　　　　　图 8-28

⑨ 选择"矩形"工具 □，在属性栏中将填充颜色设置为无、描边颜色设置为深灰色（8、1、2）、"粗细"设置为 2 像素，在图像窗口中绘制一个矩形，如图 8-29 所示，在"图层"面板中生成新的形状图层"矩形 2"。

⑩ 选择"文件 > 置入嵌入对象"命令，弹出"置入嵌入的对象"对话框，选择云盘中的"Ch08 >8.3 课堂案例——手机端店铺家具产品首页设计 > 素材 > 01"文件，单击"置入"按钮，将图片置入图像窗口中。将其拖曳到适当的位置，按 Enter 键确定操作，在"图层"面板中生成新的图层，将其命名为"椅子"，效果如图 8-30 所示。

⑪ 选择"矩形"工具 □，在属性栏中将填充颜色设置为深卡其色（195、135、73）、描边颜色设置为无，在图像窗口中绘制一个矩形，如图 8-31 所示，在"图层"面板中生成新的形状图层"矩形 3"。

⑫ 选择"横排文字"工具 T，在适当的位置输入需要的文字并选取文字。在"字符"面板中设置文字的填充颜色为白色，并设置合适的字体和大小，在"图层"面板中生成新的文字图层，效果如图 8-32 所示。在按住 Shift 键的同时，单击"矩形 1"图层，将需要的图层同时选取。按 Ctrl+G 组合键，群组图层并将其命名为"Banner1"。

⑬ 使用相同的方法制作"Banner2"和"Banner3"图层组，如图 8-33 所示，效果如图 8-34 和图 8-35 所示。

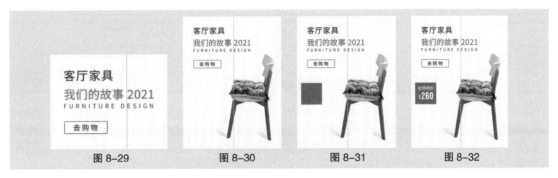

图 8-29　　　　　　　　图 8-30　　　　　　　图 8-31　　　　　　　图 8-32

图 8-33　　　　　　　　图 8-34　　　　　　　图 8-35

⑭ 选择"椭圆"工具 ◯,,在属性栏中将填充颜色设置为中灰色（73、73、73）、描边颜色设置为无，在按住 Shift 键的同时，在图像窗口中绘制一个圆形，如图 8-36 所示。使用相同的方法再绘制两个圆形，并填充相应的颜色，如图 8-37 所示，在"图层"面板中生成新的形状图层"椭圆 1""椭圆 2""椭圆 3"。在按住 Shift 键的同时，单击"Banner3"图层组，将需要的图层组同时选取。按 Ctrl+G 组合键，群组图层并将其命名为"轮播海报"，如图 8-38 所示。

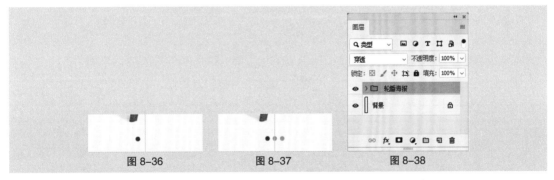

图 8-36　　　　　　　　图 8-37　　　　　　　图 8-38

⑮ 选择"视图 > 新建参考线"命令，弹出"新建参考线"对话框，在 1576 像素的位置创建水平参考线，对话框中的设置如图 8-39 所示。单击"确定"按钮，完成参考线的创建。使用相同的方法，在 1684 像素的位置创建一条水平参考线。

⑯ 选择"横排文字"工具 T,,在适当的位置输入需要的文字并选取文字。在"字符"面板中分别设置文字的填充颜色为黑色和深灰色（102、102、102），并设置合适的字体和大小，在"图层"面板中生成新的文字图层，效果如图 8-40 所示。

⑰ 选择"视图 > 新建参考线"命令，弹出"新建参考线"对话框，在 1740 像素的位置创建水平参考线，对话框中的设置如图 8-41 所示。单击"确定"按钮，完成参考线的创建。使用相同的方法，在 2052 像素的位置创建一条水平参考线。

图 8-39   图 8-40   图 8-41

⑱ 选择"矩形"工具 □，在属性栏中将填充颜色设置为无、描边颜色设置为黑色、"粗细"设置为2像素，在图像窗口中绘制一个矩形，如图 8-42 所示，在"图层"面板中生成新的形状图层"矩形 4"。

⑲ 选择"横排文字"工具 T.，在适当的位置输入需要的文字并选取文字。在"字符"面板中设置文字的填充颜色为浓灰色（1、1、1），并设置合适的字体和大小，在"图层"面板中生成新的文字图层，效果如图 8-43 所示。

⑳ 选择"圆角矩形"工具 □.，在属性栏中将填充颜色设置为卡其色（200、143、63）、描边颜色设置为无、"半径"设置为 26 像素，在图像窗口中绘制一个圆角矩形，如图 8-44 所示，在"图层"面板中生成新的形状图层"圆角矩形 2"。输入相应文字，在"字符"面板中设置文字的填充颜色为白色，并设置合适的字体和大小，在"图层"面板中生成新的文字图层，效果如图 8-45 所示。

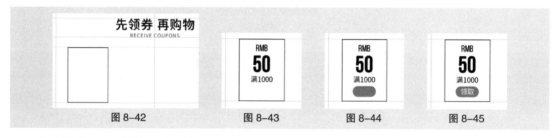

图 8-42   图 8-43   图 8-44   图 8-45

㉑ 在按住 Shift 键的同时，单击"矩形 4"图层，将需要的图层同时选取。按 Ctrl+G 组合键，群组图层并将其命名为"券 1"。绘制相应图形并输入文字，制作出图 8-46 所示的效果，在"图层"面板中生成新的图层组"券 2""券 3""券 4"。在按住 Shift 键的同时，单击"先领券 再购物"文字图层，将需要的图层同时选取。按 Ctrl+G 组合键，群组图层并将其命名为"优惠券"。

㉒ 选择"视图 > 新建参考线"命令，弹出"新建参考线"对话框，在 2108 像素的位置创建水平参考线，对话框中的设置如图 8-47 所示。单击"确定"按钮，完成参考线的创建。使用相同的方法，在 2920 像素的位置创建一条水平参考线。

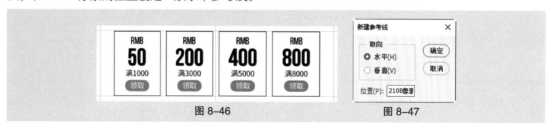

图 8-46   图 8-47

㉓ 选择"矩形"工具 □.，在属性栏中将填充颜色设置为淡灰色（245、245、245）、描边颜色设置为无，在图像窗口中绘制一个矩形，如图 8-48 所示，在"图层"面板中生成新的形状图层"矩形 5"。

㉔ 选择"视图 > 新建参考线"命令，弹出"新建参考线"对话框，在 2164 像素的位置创建水平参考线，对话框中的设置如图 8-49 所示。单击"确定"按钮，完成参考线的创建。使用相同的方法，在 2270 像素的位置创建一条水平参考线。

㉕ 选择"横排文字"工具 **T.**，在适当的位置输入需要的文字并选取文字。在"字符"面板中分别设置文字的填充颜色为黑色和深灰色（102、102、102），并设置合适的字体和大小，在"图层"面板中生成新的文字图层，效果如图 8-50 所示。

图 8-48   图 8-49   图 8-50

㉖ 选择"视图 > 新建参考线"命令，弹出"新建参考线"对话框，在 2328 像素的位置创建水平参考线，对话框中的设置如图 8-51 所示。单击"确定"按钮，完成参考线的创建。使用相同的方法，在 2864 像素的位置创建一条水平参考线。

㉗ 选择"矩形"工具 **□.**，在属性栏中将填充颜色设置为白色、描边颜色设置为无，在图像窗口中绘制一个矩形，如图 8-52 所示，在"图层"面板中生成新的形状图层"矩形 6"。

㉘ 置入云盘中的"Ch08>8.3 课堂案例——手机端店铺家具产品首页设计 > 素材 >04"文件，在"图层"面板中生成新的图层，将其命名为"床"。输入文字，在"字符"面板中设置文字的填充颜色为浓灰色（1、1、1），并设置合适的字体和大小，在"图层"面板中生成新的文字图层，效果如图 8-53 所示。

图 8-51   图 8-52   图 8-53

㉙ 制作出图 8-54 所示的效果，在"图层"面板中生成新的图层。在按住 Shift 键的同时，单击"矩形 6"图层，将需要的图层同时选取。按 Ctrl+G 组合键，群组图层并将其命名为"图标"。在按住 Shift 键的同时，单击"矩形 5"图层，将需要的图层同时选取。按 Ctrl+G 组合键，群组图层并将其命名为"分类导航"。

㉚ 选择"视图 > 新建参考线"命令，弹出"新建参考线"对话框，在 2976 像素的位置创建水平参考线，对话框中的设置如图 8-55 所示。单击"确定"按钮，完成参考线的创建。使用相同的方法，在 3032 像素和 3138 像素的位置各创建一条水平参考线。

图 8-54   图 8-55

㉛ 选择"横排文字"工具 **T.**，在适当的位置输入需要的文字并选取文字。在"字符"面板中分别设置文字的填充颜色为黑色和深灰色（102、102、102），并设置合适的字体和大小，在"图层"面板中生成新的文字图层，效果如图 8-56 所示。

㉜ 选择"视图 > 新建参考线"命令，弹出"新建参考线"对话框，在 3194 像素的位置创建水平参考线，对话框中的设置如图 8-57 所示。单击"确定"按钮，完成参考线的创建。使用相同的方法，在 4394 像素的位置创建一条水平参考线。

图 8-56　　　　　　　　　　　　　　　　　　　　图 8-57

㉝ 选择"矩形"工具 **□.**，在属性栏中将填充颜色设置为淡灰色（245、245、245）、描边颜色设置为无，在图像窗口中绘制一个矩形，如图 8-58 所示，在"图层"面板中生成新的形状图层"矩形 7"。

㉞ 选择"文件 > 置入嵌入对象"命令，弹出"置入嵌入的对象"对话框，选择云盘中的"Ch08 >8.3 课堂案例——手机端店铺家具产品首页设计 > 素材 > 12"文件，单击"置入"按钮，将图片置入图像窗口中。将其拖曳到适当的位置并调整大小，按 Enter 键确定操作，如图 8-59 所示，在"图层"面板中生成新的图层，将其命名为"沙发椅"。

㉟ 选择"横排文字"工具 **T.**，在适当的位置输入需要的文字并选取文字。在"字符"面板中分别设置文字的填充颜色为浅灰色（150、150、150）和深灰色（48、48、48），并设置合适的字体和大小，在"图层"面板中生成新的文字图层，效果如图 8-60 所示。

154

图 8-58　　　　　　　　　　　图 8-59　　　　　　　　　　　图 8-60

㊱ 输入其他文字并绘制图形，制作出图 8-61 所示的效果，在"图层"面板中生成新的图层。在按住 Shift 键的同时，单击"矩形 7"图层，将需要的图层同时选取。按 Ctrl+G 组合键，群组图层并将其命名为"沙发椅"。

㊲ 制作出图 8-62 所示的效果，在"图层"面板中生成新的图层组，将其命名为"电视柜"。在按住 Shift 键的同时，单击"掌柜推荐 优质好货"文字图层，将需要的图层同时选取。按 Ctrl+G 组合键，群组图层并将其命名为"掌柜推荐"。

㊳ 选择"视图 > 新建参考线"命令，弹出"新建参考线"对话框，在 4506 像素的位置创建水平参考线，对话框中的设置如图 8-63 所示。单击"确定"按钮，完成参考线的创建。使用相同的方法，在 4612 像素的位置创建一条水平参考线。

| 图 8-61 | 图 8-62 | 图 8-63 |

㉟ 选择"横排文字"工具 T,，在适当的位置输入需要的文字并选取文字。在"字符"面板中分别设置文字的填充颜色为黑色和深灰色（102、102、102），并设置合适的字体和大小，在"图层"面板中生成新的文字图层，效果如图 8-64 所示。

㊵ 选择"视图 > 新建参考线"命令，弹出"新建参考线"对话框，在 4668 像素的位置创建水平参考线，对话框中的设置如图 8-65 所示。单击"确定"按钮，完成参考线的创建。使用相同的方法，在 5802 像素和 6136 像素的位置各创建一条水平参考线。

㊶ 选择"矩形"工具 口,，在属性栏中将填充颜色设置为淡灰色（245、245、245）、描边颜色设置为无，在图像窗口中绘制一个矩形，如图 8-66 所示，在"图层"面板中生成新的形状图层"矩形 8"。

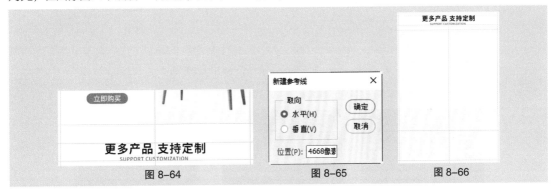

| 图 8-64 | 图 8-65 | 图 8-66 |

㊷ 在图像窗口中再绘制一个矩形，在"图层"面板中生成新的形状图层"矩形 9"，在属性栏中将填充颜色设置为白色、描边颜色设置为无，效果如图 8-67 所示。使用相同的方法再绘制一个矩形，在"图层"面板中生成新的形状图层"矩形 10"，在属性栏中将填充颜色设置为深灰色（198、198、198）、描边颜色设置为无，效果如图 8-68 所示。

㊸ 选择"文件 > 置入嵌入对象"命令，弹出"置入嵌入的对象"对话框，选择云盘中的"Ch08 >8.3 课堂案例——手机端店铺家具产品首页设计 > 素材 > 14"文件，单击"置入"按钮，将图片置入图像窗口中。将其拖曳到适当的位置并调整大小，按 Enter 键确定操作，如图 8-69 所示，在"图层"面板中生成新的图层，将其命名为"沙发"。

㊹ 在适当的位置新建参考线、输入文字并绘制图形，制作出图 8-70 所示的效果，在"图层"面板中生成新的图层。在按住 Shift 键的同时，单击"矩形 9"图层，将需要的图层同时选取。按 Ctrl+G 组合键，群组图层并将其命名为"沙发"。

㊺ 根据需要创建参考线、绘制图形、输入文字并置入图片，制作出图 8-71 所示的效果，在"图层"面板中生成新的图层组。在按住 Shift 键的同时，单击"更多产品 支持定制"文字图层，将需要的图层同时选取。按 Ctrl+G 组合键，群组图层并将其命名为"更多产品"。

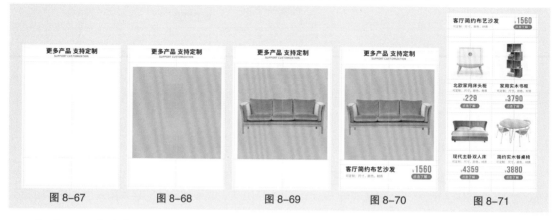

图 8-67   图 8-68   图 8-69   图 8-70   图 8-71

㊻ 在 8180 像素的位置创建一条水平参考线。选择"矩形"工具 ▢，在属性栏中将填充颜色设置为黑色、描边颜色设置为无，在图像窗口中绘制一个矩形，如图 8-72 所示，在"图层"面板中生成新的形状图层"矩形 12"。

㊼ 选择"文件 > 置入嵌入对象"命令，弹出"置入嵌入的对象"对话框，选择云盘中的"Ch08 >8.3 课堂案例——手机端店铺家具产品首页设计 > 素材 > 20"文件，单击"置入"按钮，将图片置入图像窗口中。将其拖曳到适当的位置并调整大小，按 Enter 键确定操作，在"图层"面板中生成新的图层，将其命名为"沙发 3"。按 Alt+Ctrl+G 组合键，为"沙发 3"图层创建剪贴蒙版。在"图层"面板上方，设置图层的"不透明度"为 25%，效果如图 8-73 所示。置入相应图片并输入文字，制作出图 8-74 所示的效果，在"图层"面板中生成新的图层。

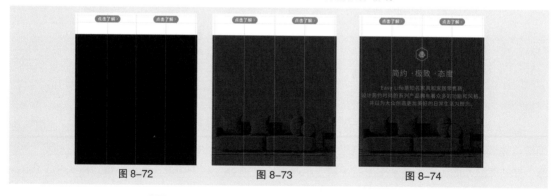

图 8-72   图 8-73   图 8-74

㊽ 选择"椭圆"工具 ◯，在属性栏中将填充颜色设置为无、描边颜色设置为深卡其色（195、135、73）、"粗细"设置为 6 像素，在按住 Shift 键的同时，在图像窗口中绘制一个圆形，如图 8-75 所示，在"图层"面板中生成新的形状图层"椭圆 6"。绘制圆形、置入图片并输入文字，制作出图 8-76 所示的效果，在"图层"面板中生成新的图层。

㊾ 选择"圆角矩形"工具 ▢，在属性栏中将填充颜色设置为深卡其色（195、135、73）、描边颜色设置为无、"半径"设置为 42 像素，在图像窗口中绘制一个圆角矩形，在"图层"面板中生成新的形状图层"圆角矩形 6"。输入相应文字，在"字符"面板中设置文字的填充颜色为白色，并设置合适的字体和大小，在"图层"面板中生成新的文字图层，效果如图 8-77 所示。

| 图 8-75 | 图 8-76 | 图 8-77 |

㊿ 在按住 Shift 键的同时，单击"椭圆 6"图层，将需要的图层同时选取。按 Ctrl+G 组合键，群组图层并将其命名为"返回顶部"。在按住 Shift 键的同时，单击"矩形 12"图层，将需要的图层同时选取。按 Ctrl+G 组合键，群组图层并将其命名为"底部信息"。

51 选择"文件 > 导出 > 存储为 Web 所用格式（旧版）"命令，在弹出的对话框中进行设置，如图 8-78 所示，单击"存储"按钮，导出效果图。手机端店铺家具产品首页制作完成。

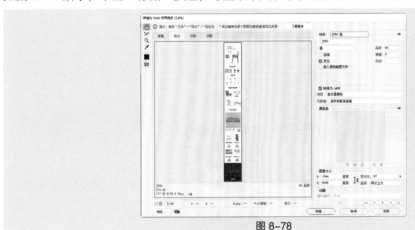

图 8-78

8.4　手机端店铺详情页设计模块

手机端店铺详情页的设计模块可以参考 6.2 节中的 PC 端店铺详情页设计模块。需要注意的是，目前淘宝手机端店铺详情页中的单张图片尺寸要求为宽度在 750 像素～ 1242 像素，高度小于或等于 1546 像素。因此，可以直接在 PC 端店铺详情页的基础上制作 750 像素宽的手机端店铺详情页。

8.5　课堂案例——手机端店铺月饼美食详情页设计

【案例设计要求】

（1）运用 Photoshop 制作详情页。

（2）详情页的宽度为 750 像素。

（3）符合详情页设计要点，体现出行业风格。

【案例学习目标】通过设计手机端店铺月饼美食详情页，明确当下食品行业手机端店铺详情页的设计风格并掌握手机端店铺详情页的设计要点与制作方法。

【案例知识要点】根据 6.3 节的课堂案例中的月饼美食详情页设计，进行手机端店铺月饼美食详情页的设计，效果如图 8-79 所示。

图 8-79

【效果所在位置】云盘 \Ch08\8.5 课堂案例——手机端店铺月饼美食详情页设计 \ 工程文件 .psd。

（1）按 Ctrl + O 组合键，打开云盘中的"Ch08 > 8.5 课堂案例——手机端店铺月饼美食详情页设计 > 素材 > 01"文件，如图 8-80 所示。

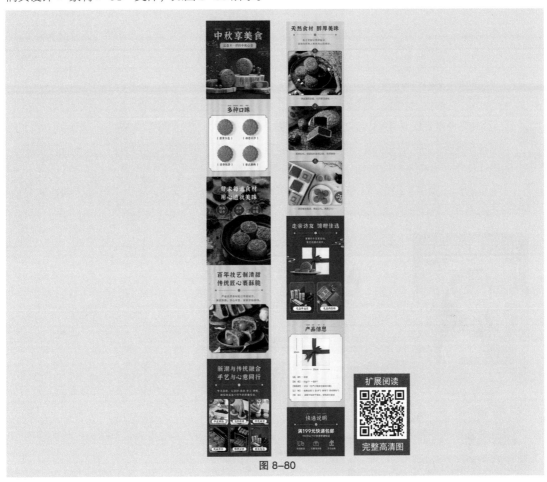

图 8-80

（2）选择"图像 > 图像大小"命令，弹出"图像大小"对话框，在对话框中进行设置，如图 8-81 所示，单击"确定"按钮，修改详情页的尺寸。

（3）选择"文件 > 导出 > 存储为 Web 所用格式（旧版）"命令，在弹出的对话框中进行设置，如图 8-82 所示，单击"存储"按钮，导出效果图。手机端店铺的月饼美食详情页制作完成。

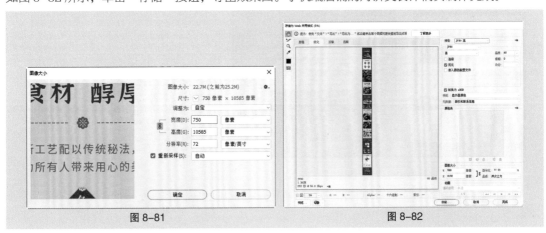

图 8-81　　　　　　　　　　　　　　　　图 8-82

【案例设计要求】

（1）运用 Photoshop 制作首页。

（2）首页的宽度为 1200 像素。

（3）符合首页设计要点，体现出行业风格。

【案例学习目标】通过设计手机端店铺春夏女装首页，明确当下服装行业手机端店铺首页的设计风格并掌握手机端店铺首页的设计要点与制作方法。

【案例知识要点】根据 5.4 节的课堂练习中的春夏女装首页设计，进行手机端店铺春夏女装首页的设计，效果如图 8-83 所示。

图 8-83

【效果所在位置】云盘 \Ch08\8.6 课堂练习——手机端店铺春夏女装首页设计 \ 工程文件 .psd。

8.7 课后习题——手机端店铺餐具产品详情页设计

【案例设计要求】

（1）运用 Photoshop 制作详情页。

（2）详情页的宽度为 750 像素。

（3）符合详情页设计要点，体现出行业风格。

【案例学习目标】通过设计手机端店铺餐具产品详情页，明确当下餐具行业手机端店铺详情页的设计风格并掌握手机端店铺详情页的设计要点与制作方法。

【案例知识要点】根据 6.4 节的课堂练习中的餐具产品详情页设计，进行手机端店铺餐具产品详情页的设计，效果如图 8-84 所示。

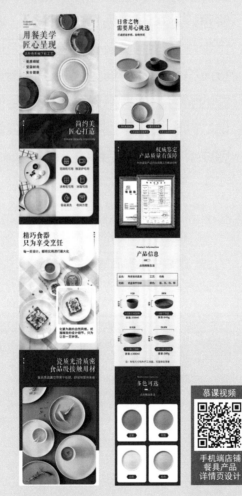

图 8-84

【效果所在位置】云盘 \Ch08\8.7 课后习题——手机端店铺餐具产品详情页设计 \ 工程文件 .psd。

第 9 章

09

手机端店铺装修

▶ 本章介绍

　　手机端店铺装修同 PC 端店铺装修一样，属于网店美工需要完成的重要综合型任务，精心装修的手机端店铺能够更好地扩展市场、获取流量。本章针对手机端店铺的首页装修及详情页装修等基础知识进行系统讲解，并针对流行风格及行业的典型手机端店铺进行装修演练。通过对本章的学习，读者可以对手机端店铺的装修有一个系统的认识，并能快速掌握手机端店铺装修的技巧和方法，更好地完成手机端店铺装修的工作。

学习目标

- 掌握手机端店铺首页装修
- 掌握手机端店铺详情页装修

慕课视频
手机端店铺
装修

9.1 手机端店铺首页装修

手机端店铺首页装修和 PC 端店铺首页装修并没有太大差别，都可以通过模板和模块进行。下面分别从使用模板装修和使用模块装修两个方面进行手机端店铺首页装修的讲解，帮助读者掌握手机端店铺首页装修的方法。

9.1.1 使用模板装修

手机端店铺装修和 PC 端店铺装修一样，可以进入服务市场 > 装修市场界面，单击导航栏中的"无线店铺模板"选项卡进入相应界面，购买需要的模板，如图 9-1 所示。

图 9-1

9.1.2 使用模块装修

登录淘宝网，进入千牛卖家中心，单击界面左侧导航栏中的"店铺"选项卡，进入店铺界面，然后选择界面左侧 "店铺装修"列表中的"手机店铺装修"选项，进入手机店铺装修界面，将鼠标指针移动到首页页面上，单击"装修页面"链接，如图 9-2 所示。

图 9-2

在打开的首页装修界面中，选择左侧的任意模块，按住鼠标左键，将该模块拖曳到编辑区的任意区域，然后松开鼠标，即可完成模块的添加。这里，以"轮播图海报"模块为例进行设置，如图9-3所示。

图 9-3

在界面右侧"模块基础内容"面板中的"模块名称"文本框中输入合适的名称。将鼠标指针移动到 + 按钮上，单击"上传图片"按钮，弹出"选择图片"对话框。在该对话框中，选中需要的图片，单击"确认"按钮，如图9-4所示。调整图片的尺寸后，单击"保存"按钮，即可完成轮播图海报的图片添加。单击"添加1/4"按钮，可继续添加需要的轮播图海报图片。

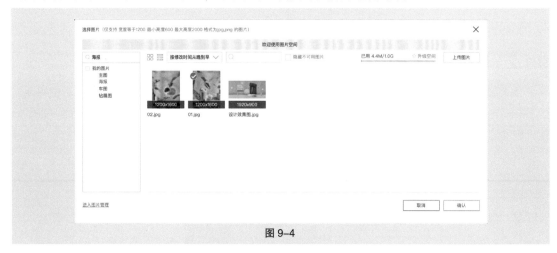

图 9-4

输入海报的无线链接，如图9-5所示。最后单击"保存"按钮，即可完成轮播图海报的装修。

图 9-5

9.1.3　课堂案例——手机端店铺家具产品首页装修

【案例学习目标】使用千牛卖家中心的"手机店铺装修"选项，进行手机端店铺家具产品首页装修。

【案例知识要点】使用"上传图片"按钮上传图片，使用"链接"按钮 $\mathscr{O}$ 添加链接，使用"添加热区"按钮绘制矩形选区，使用"复制"按钮  复制矩形选区，使用"轮播图海报"模块和"多热区切图"模块完成相应的设计。

1. 轮播图海报装修

① 在成功登录淘宝之后，单击"千牛卖家中心"按钮，如图9-6所示。进入千牛界面，单击"店铺"选项卡，如图9-7所示，在"店铺装修"的列表中选择"手机店铺装修"选项，进入手机店铺装修界面，如图9-8所示。

图 9-6

图 9-7

图 9-8

② 单击"默认首页"右侧的"装修页面"链接，跳转到淘宝旺铺 > 页面装修编辑器界面，如图 9-9 所示。分别单击编辑区的"店铺热搜"模块和"排行榜"模块，单击"删除"按钮 🗑 将其删除，如图 9-10 所示。

图 9-9   图 9-10

③ 在界面左侧的"页面容器"区域中，将"轮播图海报"模块拖曳到编辑区，如图 9-11 所示。在界面右侧的"模块基础内容"面板中进行设置，将"模块名称"设置为"轮播海报"，将"基础设置"设置为"固定顺序"，将鼠标指针移动到 ＋ 按钮上，然后单击"上传图片"按钮，如图 9-12 所示。

图 9-11   图 9-12

④ 弹出"选择图片"对话框，选择"01.jpg"图片，单击"确定"按钮，如图 9-13 所示。将"裁剪尺寸"选项的"高"设置为 1520 像素，按 Enter 键确定操作，如图 9-14 所示，单击"保存"按钮进行保存。

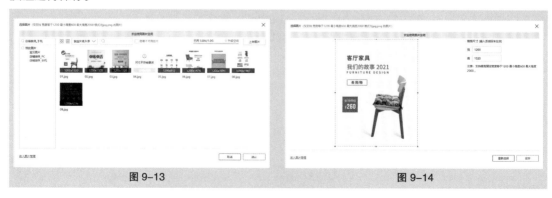

图 9-13   图 9-14

⑤ 单击"请输入合法的无线链接"右侧的"链接"按钮 🔗，如图 9-15 所示。弹出"添加链接"

Photoshop 网店美工设计（全彩慕课版）

166

界面，单击"宝贝链接"选项卡，选中"北欧实木现代简约餐桌椅"单选项，如图9-16所示，单击"确定"按钮。

| 图 9-15 | 图 9-16 |

⑥ 单击"添加 1/4"按钮，用相同的方法上传图片"02.jpg"和"03.jpg"，效果如图 9-17 所示，单击"保存"按钮进行保存。

图 9-17

2. 优惠券装修

① 在界面左侧的"页面容器"区域中，将"多热区切图"模块拖曳到编辑区，如图9-18所示。在界面右侧的"模块基础内容"面板中进行设置，将"模块名称"设置为"优惠券"，将鼠标指针移动到"添加图片"按钮上，然后单击"上传图片"按钮，如图9-19所示。

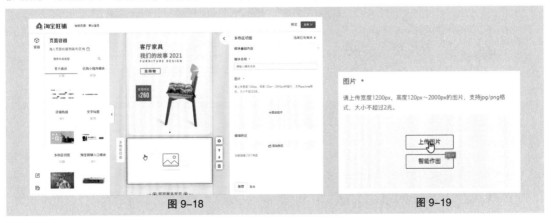

| 图 9-18 | 图 9-19 |

② 弹出"选择图片"对话框，选择"04.jpg"图片，单击"确定"按钮，如图 9-20 所示。将"裁剪尺寸"选项的"高"设置为 588 像素，按 Enter 键确定操作，如图 9-21 所示，单击"保存"按钮进行保存。

| 图 9-20 | 图 9-21 |

③ 单击"添加热区"按钮，如图 9-22 所示。弹出"热区编辑器"界面，如图 9-23 所示。将矩形选区拖曳到适当的位置并调整大小，如图 9-24 所示。

| 图 9-22 | 图 9-23 |

图 9-24

④ 单击"请输入或选择合法的链接"右侧的"链接"按钮 🔗 ，如图 9-25 所示。弹出"链接小工具"对话框，单击"优惠券"选项卡，选中"满 1000 减 50"单选项，如图 9-26 所示，单击"确定"按钮。

图 9-25　　　　　　　　　　　　　　　　图 9-26

⑤ 单击矩形选区上方的"复制"按钮，如图 9-27 所示，复制一个矩形选区。用相同的方法制作其他优惠券，效果如图 9-28 所示，单击"完成"按钮。在界面右侧的"模块基础内容"面板中，单击"保存"按钮，效果如图 9-29 所示。

图 9-27　　　　　　　　　　　　　　　　图 9-28

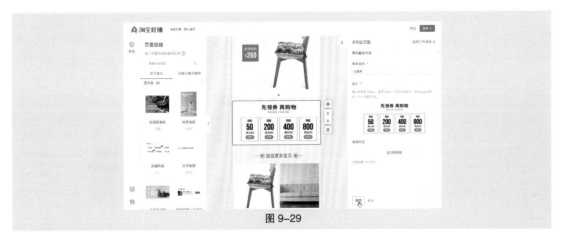

图 9-29

3. 分类导航装修

① 在界面左侧的"页面容器"区域中，将"多热区切图"模块拖曳到编辑区，如图 9-30 所示。在界面右侧的"模块基础内容"面板中进行设置，将"模块名称"设置为"分类导航"。将鼠标指针移动到"添加图片"按钮上，然后单击"上传图片"按钮，弹出"选择图片"对话框，选择"05.jpg"图片，单击"确定"按钮，如图 9-31 所示。

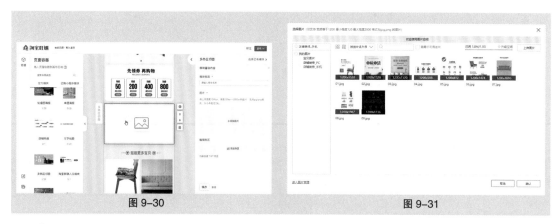

图 9-30　　　　　　　　　　　　　　　　　　　　　　　图 9-31

② 将"裁剪尺寸"选项的"高"设置为 812 像素，按 Enter 键确定操作，如图 9-32 所示，单击"保存"按钮进行保存。单击"添加热区"按钮，弹出"热区编辑器"界面，将矩形选区拖曳到适当的位置并调整大小，如图 9-33 所示。

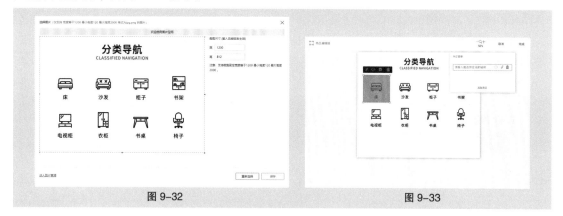

图 9-32　　　　　　　　　　　　　　　　　　　　　　　图 9-33

③ 单击"请输入或选择合法的链接"右侧的"链接"按钮 ⌀，弹出"链接小工具"对话框，单击"宝贝分类"选项卡，选中"床"单选项，如图 9-34 所示，单击"确定"按钮。用相同的方法制作其他分类导航，效果如图 9-35 所示，单击"完成"按钮。在界面右侧的"模块基础内容"面板中，单击"保存"按钮，效果如图 9-36 所示。

图 9-34　　　　　　　　　　　　　　　　　　　　　　　图 9-35

④ 用相同的方法，对"掌柜推荐"模块、"更多产品"模块和"底部信息"模块进行装修。手机端店铺家具产品首页装修完成后的效果如图 9-37 所示。

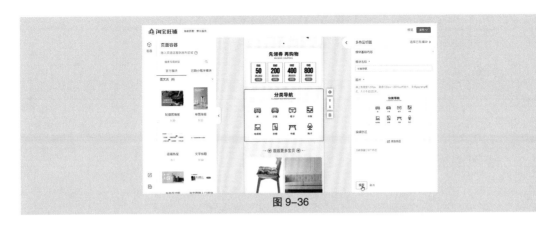

图 9-36

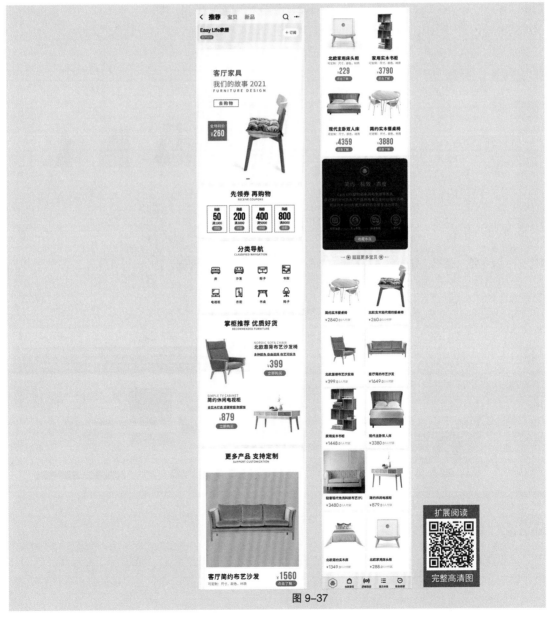

图 9-37

9.2 手机端店铺详情页装修

手机端店铺详情页装修和手机端店铺首页装修的本质一样，其操作可以参考手机端店铺首页装修。下面分别从使用模板装修和使用模块装修两个方面进行手机端店铺详情页装修的讲解，帮助读者掌握手机端店铺详情页装修的方法。

9.2.1 使用模板装修

登录淘宝网，进入千牛卖家中心，单击界面左侧导航栏中的"商品"选项卡，进入商品界面，然后单击"发布商品"中的"编辑商品"链接，进入商品发布界面。滑动至底部"移动端描述"的位置，选中"使用旺铺详情编辑器"单选项，切换至手机详情界面。单击"编辑手机详情"按钮，弹出手机详情界面，如图9-38所示。单击左侧导航栏中的"模板"选项卡，进入模板界面，如图9-39所示。选择合适的模板，并单击模板中的"套用模板"按钮，即可完成详情页模板的使用，并跳转到手机详情界面，如图9-40所示。

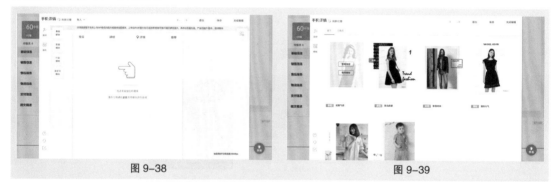

图 9-38　　　　　　　　　　　　　　　　　　图 9-39

如果要满足更多需求，可以直接通过浏览器搜索"淘宝神笔"，进入模板市场页面，购买需要的模板，如图9-41所示。

图 9-40　　　　　　　　　　　　　　　　　　图 9-41

9.2.2 使用模块装修

登录淘宝网，进入千牛卖家中心，单击界面左侧导航栏中的"商品"选项卡，进入商品界面，然后单击"发布商品"中的"编辑商品"链接，进入商品发布界面。滑动至底部"移动端描述"的位置，选中"使用旺铺详情编辑器"单选项，切换至手机详情界面。单击"编辑手机详情"按钮，弹出手机详情界面。

在弹出的手机详情界面中可看到详情页装修的模块。其中"基础模块"是装修详情页时的常用模块，主要包括图片、文字、视频及动图等内容，如图9-42所示；"营销模块"是用于详情页活动装修的模块，主要包括店铺推荐、店铺活动、优惠券及群聊等内容，如图9-43所示；"行业模块"是用于商品描述的模块，主要包括宝贝参数、颜色款式、细节材质、商品图片、商品吊牌、品牌介绍及商家公告等内容，如图9-44所示。

另外，在商品发布界面中，如果已经通过"使用文本编辑"单选项进行了PC端店铺详情页的装修，则可以直接单击"导入电脑端描述"按钮，在弹出的对话框中，单击"确认生成"按钮，快速装修手机端店铺详情页，如图9-45所示。

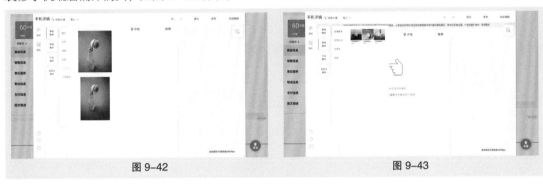

图9-42　　　　　　　　　　　　　　图9-43

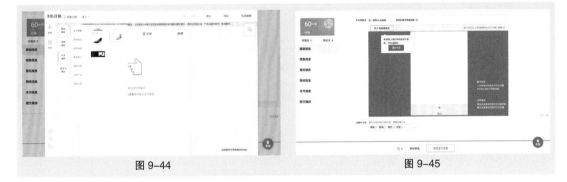

图9-44　　　　　　　　　　　　　　图9-45

9.2.3　课堂案例——手机端店铺月饼美食详情页装修

【案例学习目标】使用千牛卖家中心的"商品装修"选项，进行手机端店铺月饼美食详情页装修。

【案例知识要点】使用"上传"按钮上传图片，使用"编辑图文详情"按钮和"基础模块"选项卡编辑图文详情，使用图片空间界面和详情编辑器界面完成相应的设计。

慕课视频

手机端店铺月饼美食详情页装修

① 在成功登录淘宝之后，单击"千牛卖家中心"按钮，如图9-46所示。进入千牛界面，单击"商品"选项卡，在"商品管理"的列表中选择"图片空间"选项，跳转到新的界面，如图9-47所示。

★收藏夹 ▼　商品分类　免费开店　┊千牛卖家中心 ▼　联系客服 ▼　☰网站导航 ▼

图9-46

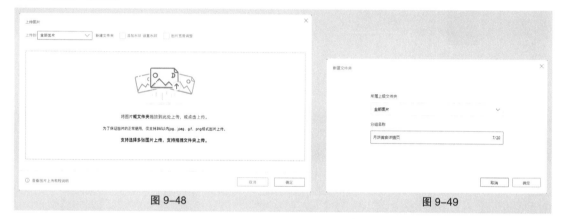

图 9-47

② 单击界面右上角的"上传"按钮，打开"上传图片"对话框，如图 9-48 所示。单击"新建文件夹"链接，弹出"新建文件夹"对话框，将"分组名称"设置为"月饼美食详情页"，如图 9-49 所示，单击"确定"按钮。

图 9-48   图 9-49

③ 单击"上传"链接，弹出"打开"对话框，选择云盘中的"Ch09 > 9.2.3 课堂案例——手机端店铺月饼美食详情页装修 > 素材 > 01 ~ 10"文件，如图 9-50 所示。单击"打开"按钮，将图片上传到图片空间中，单击"确定"按钮，效果如图 9-51 所示。

图 9-50   图 9-51

④ 进入千牛界面，单击"商品"选项卡，在"商品管理"的列表中选择"商品装修"选项，进入商品装修界面。单击"图文详情"下方的"编辑图文详情"按钮，如图 9-52 所示，跳转到淘宝旺铺 > 详情编辑器界面，如图 9-53 所示。

图 9-52　　　　　　　　　　　　　　　　　　图 9-53

⑤ 单击界面左侧的"基础模块"选项卡，在展开的界面中单击上方图片，如图 9-54 所示。弹出"选择图片"对话框，依次单击"01.jpg ～ 10.jpg"图片将其全部选中，如图 9-55 所示，单击"确认"按钮。

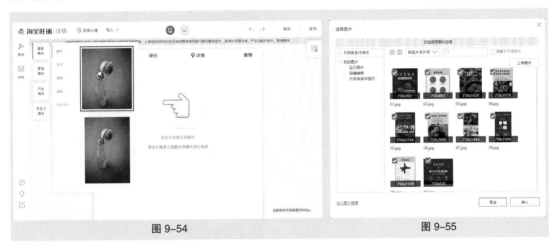

图 9-54　　　　　　　　　　　　　　　　　　图 9-55

⑥ "图片"模块置入完成，效果如图 9-56 所示。单击界面右上角的"发布"按钮，弹出"发布宝贝详情"对话框，如图 9-57 所示，单击"确认"按钮。手机端店铺的月饼美食详情页装修完成，效果如图 9-58 所示。

图 9-56　　　　　　　　　　　　　　　　　　图 9-57

图 9-58

9.3 课堂练习——手机端店铺春夏女装首页装修

【案例学习目标】使用千牛卖家中心的"手机店铺装修"选项，进行手机端店铺春夏女装首页装修。

【案例知识要点】使用"上传"按钮上传图片，使用"链接"按钮 ✗ 添加链接，使用"添加热区"按钮绘制矩形选区，使用"复制"按钮 ▣ 复制矩形选区，使用"轮播图海报"模块和"多热区切图"模块完成相应设计，效果如图 9-59 所示。

图 9-59

【效果所在位置】云盘 \Ch09\9.3 课堂练习——手机端店铺春夏女装首页装修 \工程文件 .psd

【**案例学习目标**】使用千牛卖家中心的"商品装修"选项，进行手机端店铺餐具产品详情页装修。

【**案例知识要点**】使用"上传"按钮上传图片，使用"编辑图文详情"按钮和"基础模块"选项卡编辑图文详情,使用图片空间界面和详情编辑器界面完成相应设计,效果如图9-60所示。

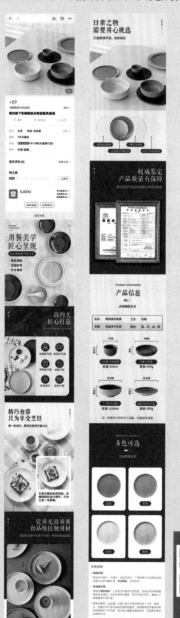

图 9-60

第 10 章

网店视频拍摄与制作

▶ 本章介绍

　　展现方式简单明了的视频逐渐成为各个店铺吸引消费者进入店铺浏览的一个重要途径。因此，网店视频的拍摄与制作成为网店美工需要完成的重要任务。本章针对网店视频的拍摄、制作及上传等基础知识进行系统讲解，并针对流行风格及行业的典型网店视频进行任务演练。通过对本章的学习，读者可以对网店视频的拍摄与制作有一个系统的认识，并能快速掌握网店视频拍摄与制作的规范和方法，成功制作出具有吸引力的网店视频。

学习目标

● 掌握网店视频拍摄

● 掌握网店视频制作

● 掌握网店视频上传

慕课视频

网店视频
拍摄与制作

10.1 网店视频拍摄

将视频应用于网店，通过视听语言可以吸引大量消费者，并能够更好地向消费者展示商品，以此提高商品转化率。下面分别从视频构图的原则和视频拍摄的流程两个方面进行网店视频拍摄的讲解，便于进行后续的视频制作。

10.1.1 视频构图的原则

在进行视频拍摄时，需要遵循一定的构图原则，只有合理构图才能增强视频的画面美感，令视频更加符合主题。视频构图的原则主要包括 6 点，下面进行详细讲解。

1. 主体明确

商品主体是视频的重要对象。在摄影构图时，一定要将商品主体放到醒目的位置，中心位置更能凸显主体，如图 10-1 所示。

2. 物体衬托

商品主体需要相关物体进行陪衬，不然画面会显得空洞呆板。同时用于衬托的物体应合理，不能喧宾夺主，如图 10-2 所示。

3. 环境烘托

使拍摄的对象处于合适的环境中，不仅能突出商品主体，更能为画面添加美感、渲染氛围，如图 10-3 所示。

图 10-1   图 10-2   图 10-3

4. 前景与背景的处理

前景即位于商品主体之前的景物，而位于商品主体之后的则为背景。前景可以使画面丰富、有层次，背景可以使画面立体、有空间感，如图 10-4 所示。

5. 画面简洁

视频中的背景应尽量简单，以保持画面简洁，避免分散消费者的注意力。如果背景杂乱，可以针对背景进行模糊处理；或选择合适的角度进行拍摄，避免杂乱的背景影响商品主体，如图 10-5 所示。

6. 追求形式美

将设计中的点、线、面运用到拍摄画面中，可使画面富有设计美感，从而产生形式美，如图 10-6 所示。

图 10-4　　　　　　　　　图 10-5　　　　　　　　　图 10-6

10.1.2　视频拍摄的流程

　　拍摄视频与拍摄图片一样，都需要将主题清晰地表达出来，才能让消费者更清楚地了解拍摄的意图。想要拍摄出的视频能够清晰地表达主题，一定要根据规范的流程进行拍摄，下面进行视频拍摄流程的详细讲解。

1. 了解商品的特点

　　在拍摄商品视频前，应对拍摄的商品进行一定的了解，如商品的特点、使用方法及使用后的效果等。只有先了解商品，才能选择合适的模特、拍摄环境和拍摄时间，并根据商品的大小及材质选择拍摄的器材和布光等。此外，拍摄时要对商品的特色进行重点展现，以帮助消费者更好地了解商品，激发消费者的购买欲望，提高商品转化率，如图 10-7 所示。

图 10-7

2. 选择道具、模特和场景

　　在充分了解商品的特点后，并不能马上进入视频拍摄环节，还需要做好道具、模特及场景的选择等准备工作。

　　针对道具，应根据实际需要进行选择。如需要在室内进行商品拍摄，则应该准备摄影灯，若需要对商品进行解说，则应该准备录音设备，如图 10-8 所示。针对模特，应该根据商品的用途进行选择，需要注意的是，并非所有商品都需要模特。场景分为室内场景和室外场景。选择室内场景，需要考虑灯光、布景等因素；选择室外场景，则应尽量在较安静的环境中进行拍摄。

3. 拍摄视频

　　在选择好道具、模特和场景后即可进入视频拍摄环节。在拍摄过程中，一定要保持画面的稳定，以达到较好的拍摄效果。还需要合理运用不同的视角进行拍摄，避免画面枯燥，如图 10-9 所示。此外，要掌控好拍摄时间，便于后期合成。特写镜头建议为 2 秒～ 3 秒，近景建议为 3 秒～ 4 秒，中景建议为 5 秒～ 6 秒，全景建议为 6 秒～ 7 秒，大全景建议为 6 秒～ 11 秒，一般镜头建议为 4 秒～ 6 秒。

图 10-8　　　　　　　　　　　図 10-9

10.1.3　课堂案例——拍摄手冲咖啡教学视频

1.　制定拍摄脚本

拍摄脚本见表 10-1。

表 10-1

场景	镜头号	景别	拍摄手法	拍摄角度	内容	字幕	备注
咖啡馆	1	中景	固定拍摄	正面平视角度	所有手冲咖啡的相关器具，咖啡摆放在桌面上进行展示		注意器具摆放的层次和背景
咖啡馆	2	特写	移摄		滤杯和分享壶的全貌：镜头以滤杯为起点，从上至下到分享壶，再从下至上回到滤杯，将其作为落点拍摄		
咖啡馆	3	特写	移摄		细嘴手冲壶：镜头从分享壶的位置移摄到细嘴手冲壶上		镜头在手冲壶上停留 1 秒
咖啡馆	4	特写	移摄		滤纸：镜头从细嘴手冲壶的位置从右至左移到滤纸上		
咖啡馆	5	特写	固定拍摄		咖啡豆放在杯子里，将其缓缓倒入盘子中，展示咖啡豆		
咖啡馆	6	近景	固定拍摄		称咖啡豆的重量	25 克咖啡豆	
咖啡馆	7	特写	固定拍摄		将咖啡豆倒入磨豆机后盖上盖子		
咖啡馆	8	近景	移摄		自下而上拍摄磨豆机的全貌，然后拍摄研磨的过程	调到刻度 18	
咖啡馆	9	特写	固定拍摄		将研磨好的咖啡粉放在手心里，展示咖啡粉研磨的粗细效果	砂糖般粗细	
咖啡馆	10	近景	固定拍摄		滤纸的使用方法		只拍摄咖啡师手部折滤纸的操作过程
咖啡馆	11	近景	固定拍摄		将热水倒入细嘴手冲壶		
咖啡馆	12	特写	固定拍摄		将热水均匀地倒在滤纸上，使滤纸全部湿润，紧贴滤杯壁	用于去除纸浆的味道	
咖啡馆	13	近景	移摄		咖啡师继续冲水，热水从滤杯流到分享壶中	温暖分享壶	镜头自上而下拍摄

场景	镜头号	景别	拍摄手法	拍摄角度	内容	字幕	备注
咖啡馆	14	特写	固定拍摄	俯视角度	将磨好的咖啡粉倒入滤杯中，用勺子轻轻拍平	使咖啡粉平整	
咖啡馆	15	中景	固定拍摄	正面平视角度	咖啡师手持手冲壶准备冲水		
咖啡馆	16	特写	固定拍摄	俯视角度	第1次冲水的过程和焖蒸过程	第1次注入60克水，焖蒸约20秒	
咖啡馆	17	特写	固定拍摄	俯视角度	第2次冲水的过程		
咖啡馆	18	特写	移摄	正面平视角度	咖啡从滤杯慢慢注入分享壶的过程	慢慢加到300克水	镜头自上而下拍摄
咖啡馆	19	特写	固定拍摄	俯视角度	第3次冲水的过程	第3次注水，加到400克水	
咖啡馆	20	特写	移摄	正面平视角度	咖啡从滤杯口慢慢注入分享壶的过程	味道清澈圆润	镜头自上而下拍摄
咖啡馆	21	特写	固定拍摄	正面平视角度	咖啡滴落在分享壶里	到咖啡慢慢滴落就好了	
咖啡馆	22	特写	固定拍摄	俯视角度	将分享壶里的咖啡倒入温好的咖啡杯中		
咖啡馆	23	中景	固定拍摄	正面平视角度	模特坐在桌前悠闲地品尝咖啡		

2. 考察拍摄场地

选择在一家布置十分温馨的咖啡店里拍摄，如图 10-10 所示。在拍摄前对咖啡店进行实地考察，察看场地的采光情况。这间咖啡馆临街，有较大的窗户，采光很好，因此无须准备灯光设备。咖啡馆的装修装饰符合想要的温馨如家的风格。在现场，根据环境和光线条件，事先将制作咖啡的位置固定好，这样可以节省拍摄时间。

图 10-10

3. 其他准备工作

（1）准备道具

除了手冲咖啡壶套装外，还应准备咖啡师的服装、咖啡杯、热水壶、装咖啡的器皿及桌子等，这些也是画面的组成部分。

（2）工作人员分配

拍摄此短片共需要 4 名工作人员，其中包括导演、负责拍摄视频的摄影师、拍摄照片的摄影师、进行咖啡制作的咖啡师。本片的导演也要兼顾一些助理的工作，如摆放道具及拍摄过程中需要配合摄影师拍摄的辅助工作。

4. 视频实际拍摄

在拍摄脚本已经写好的情况下，只需要按照脚本制定好的每一个镜头保质保量地完成拍摄即可。

（1）镜头1

视频开头先用3秒对所有手冲咖啡用具进行整体展示，如图10-11所示。在拍摄这个镜头时，要根据每一个道具的外形特征进行摆放，背景不宜太复杂，要衬托出这些器具，整个画面的构图既要有层次又不能显得杂乱。如果背景的装饰物较多，可以将光圈调大一点，对背景稍作虚化。

图 10-11

（2）镜头2

滤杯和分享壶作为手冲咖啡的主要用具，是主图中销售的商品，因此需要单独进行拍摄。为了更好地展示细节，让消费者更多地了解该商品，采用特写镜头拍摄，如图10-12所示。因为滤杯和分享壶放在一起后外形偏高，在拍摄特写时，一个画面中无法呈现该商品的全貌，所以要用移摄的手法，将镜头从商品上方移动到下方进行完整的展示，这时要注意镜头起点和落点的位置。

图 10-12

（3）镜头3、4

3和4这两个镜头都是为了单独展示一个器具，因此同2镜头一样采用特写镜头拍摄，运用移摄的手法。因为细嘴手冲壶和滤纸的外形比较矮小和扁平，所以镜头移动采用旋转和左右移动的方式，但是幅度不要太大。在3和4这两个镜头的落点上要注意画面的构图，细嘴手冲壶位于画面右侧的三分之二处，滤纸位于画面下方的三分之二处，如图10-13所示。

 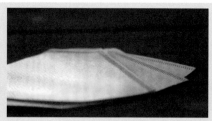

图 10-13

（4）镜头5

在展示完咖啡器具后，要展示咖啡豆。这个镜头采用近景的景别拍摄，使用固定镜头的拍摄手法，拍摄将咖啡豆从杯子里缓缓倒入盘子中的画面，如图10-14所示。杯子和盘子在画面的右侧，左侧留白，这是采用二分构图法来表现的，这样的画面具有通透感，不会显得太满。因为咖啡豆落到盘子里是动态的，所以拍摄时要注意画面的稳定性。

（5）镜头6

这个镜头利用俯视的角度，使用固定镜头的拍摄手法展示称豆子的过程，器皿在画面中的位置如图10-15所示。

图 10-14　　　　　　　　　　　　　　图 10-15

（6）镜头 7、8

7 和 8 这两个镜头都是采用特写镜头和水平角度拍摄的。为了有所变化，镜头 7 运用固定拍摄的手法拍摄咖啡豆倒入磨豆机的过程，镜头 8 运用自上向下移动的拍摄手法，最后将镜头固定在研磨上，如图 10-16 所示。

图 10-16

（7）镜头 9

镜头 9 采用俯拍的角度，运用特写镜头来拍摄研磨好的咖啡粉，展示其粗细程度。画面很简单，将咖啡粉居中，位于画面中间，清晰明了，如图 10-17 所示。

（8）镜头 10

这个镜头采用近景的景别进行拍摄，使用固定镜头的拍摄手法展示滤纸的折叠方法，如图 10-18 所示。在这个镜头拍摄时，将相机放在三脚架上，注意拍摄过程中不要让咖啡师的手部和滤纸跑出画面，避免画面不完整。

（9）镜头 11

镜头 11 将咖啡器具放在画面中间的位置，采用 45 度俯视的角度，运用固定镜头的拍摄手法，表现出热气冒出来的状态，如图 10-19 所示。

图 10-17　　　　　　　　　　图 10-18　　　　　　　　　　图 10-19

（10）镜头 12

镜头 12 采用俯视角度，运用特写镜头拍摄用细嘴手冲壶将热水均匀地冲在滤纸上，使滤纸全部湿润紧贴在滤杯壁上的过程，如图 10-20 所示。

（11）镜头 13

整个画面采用中间构图，为了表现水流入壶中温暖分享壶的过程，采用摇摄的手法自上而下拍摄。如图 10-21 所示。

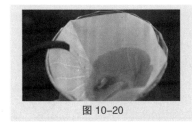

图 10-20   图 10-21

（12）镜头 14、15、16

14、15、16 这 3 个镜头都是使用俯视的角度进行固定镜头拍摄。为了清晰地表现第 1 次给咖啡注水和焖蒸的过程，运用特写镜头，滤杯几乎充满整个画面，将观众的视线集中在咖啡和冲水的手法上。在拍摄时，由于滤杯有一定的深度，咖啡粉凹在里面，光线比较弱，所以拍摄出来的咖啡粉一团黑，看不到咖啡的细节，可以借用手电筒进行补光，如图 10-22 所示。

图 10-22

（13）镜头 17

拍摄第 2 次的冲水过程，采用和镜头 16 一样的表现手法和构图形式，如图 10-23 所示。

（14）镜头 18

镜头 18 采用平视的角度，使用特写镜头拍摄咖啡从滤杯慢慢注入分享壶的过程，如图 10-24 所示。

（15）镜头 19

拍摄第 3 次冲水的过程，依旧采用和镜头 16 一样的表现手法和构图形式，如图 10-25 所示。

图 10-23   图 10-24   图 10-25

（16）镜头 20

此镜头的拍摄手法与镜头 18 相同，展示咖啡从滤杯慢慢注入分享壶的过程，如图 10-26 所示。

（17）镜头 21

镜头 21 采用特写镜头，运用固定拍摄的手法表现咖啡的状态。分享壶位于画面左侧的三分之二处，如图 10-27 所示。

（18）镜头 22

镜头 22 拍摄将做好的咖啡缓缓倒入白色的温好的咖啡杯中的过程，如图 10-28 所示。

图 10-26　　　　　　　　　图 10-27　　　　　　　　　图 10-28

（19）镜头 23

这个镜头要表现出模特惬意地坐在咖啡馆里享用手冲咖啡的愉悦心情。为了表现出温馨舒适的画风，在这个场景中，模特的右侧是门窗，从室外照射进来的阳光刚好可以作为一个天然的主灯。模特头顶上方有一个很大的顶灯，将模特面部打亮，让模特看起来更加立体。这个镜头运用拉镜头的方式从近景拉至远景，交代模特和场景及商品之间的关系，并以此作为结束镜头，如图 10-29 所示。

图 10-29

10.2　网店视频制作

在视频拍摄完成后，需要根据平台的要求和消费者的需求对视频进行后期处理。下面分别从网店的视频类型和视频制作的流程两个方面进行网店视频制作的讲解，便于后期将视频成功应用于网店中。

10.2.1　网店的视频类型

常应用于网店中的视频类型有主图视频和页面视频两类，下面分别对这两类视频进行详细介绍。

1．主图视频

主图视频主要应用在商品详情页中的主图位置，用于展示商品的特点和卖点。建议主图视频的时长为 5 秒～60 秒，宽高比为 16∶9、1∶1 或 3∶4，尺寸为 750 像素 ×1000 像素或以上，如图 10-30 所示。

2．页面视频

页面视频主要应用在首页或商品详情页中的详情位置，常用于介

图 10-30

绍品牌或展示商品的使用方法与使用效果。页面视频的时长不能超过 10 分钟，且视频分辨率建议为 1920 像素 ×720 像素，如图 10-31 所示。

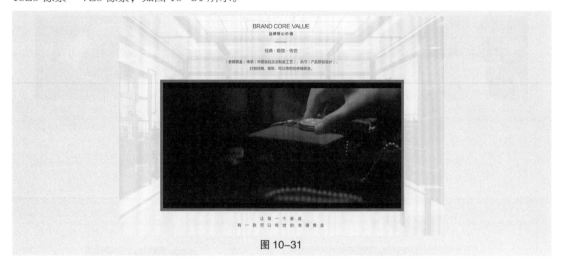

图 10-31

10.2.2　视频制作的流程

视频编辑软件通常可以将视频制作的流程简化为新建项目、视频处理和保存导出 3 个步骤。读者根据流程进行操作，能快速完成视频的制作。

1. 新建项目

新建项目是视频制作的第一步，主要对工程文件进行命名、设置尺寸和存放路径等常规操作，以便进行后续的视频处理，如图 10-32 所示。

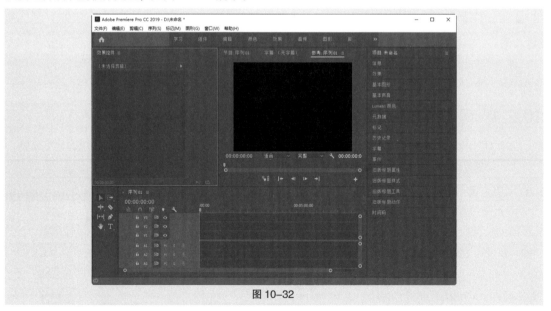

图 10-32

2. 视频处理

视频处理是视频制作中关键的一步，主要通过对视频素材进行编辑与分割、添加转场与滤镜特效、添加字幕和音频等操作，令视频更加精彩，如图 10-33 所示。

图 10-33

3. 保存导出

在视频处理完成后，对视频进行保存和导出操作，可防止视频丢失或损坏，并且便于后台上传，如图 10-34 所示。

图 10-34

10.2.3　课堂案例——制作手冲咖啡教学视频

【案例学习目标】使用 Premiere 中的多种工具和命令，制作手冲咖啡教学视频。

【案例知识要点】使用"导入"命令导入素材文件，使用"取消链接"命令取消音频与视频的链接，使用"速度/持续时间"命令调整视频的播放速度，使用"视频效果"特效分类选项为视频添加特殊效果，使用"视频过渡"特效分类选项制作视频之间的过渡效果，使用"文字"工具 **T** 和"旧版标题"命令添加字幕，使用"音频效果"特效分类选项为音频添加特殊效果。

【效果所在位置】云盘 \Ch10\10.2.3 课堂案例——制作手冲咖啡教学视频 \ 工程文件 . prproj。

1. 素材的导入

（1）启动 Premiere Pro 2019，选择"文件 > 新建 > 项目"命令，弹出"新建项目"对话框，如图 10-35 所示，单击"确定"按钮，新建项目。选择"文件 > 新建 > 序列"命令，弹出"新建序列"对话框，单击"设置"选项卡，设置如图 10-36 所示，单击"确定"按钮，新建序列。

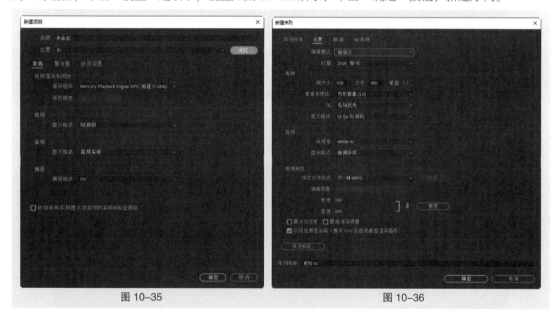

图 10-35　　　　　　　　　　　　　　　图 10-36

（2）选择"文件 > 导入"命令，或按 Ctrl+I 组合键，弹出"导入"对话框，选择需要导入的文件，如图 10-37 所示。单击"打开"按钮，导入素材。序列文件导入后的状态如图 10-38 所示。

2. 素材的剪辑与组接

在 Premiere Pro 2019 中，可以通过在"时间线"面板中增加或删除帧来剪辑素材，以改变素材的长度。

（1）在"项目"面板中，选中"01"文件并将其拖曳到"时间线"面板中的视频 1 轨道中，弹出"剪辑不匹配警告"对话框，如图 10-39 所示，单击"保持现有设置"按钮，在保持现有序列设置的情况下，将文件放置在视频 1 轨道中，效果如图 10-40 所示。

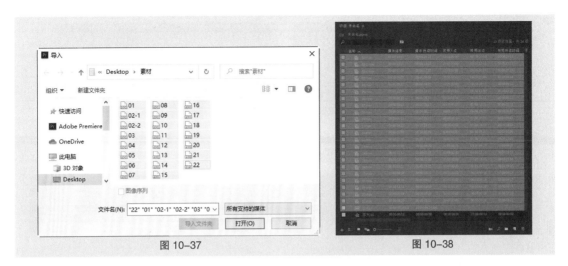

图 10-37   图 10-38

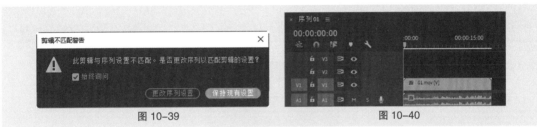

图 10-39   图 10-40

（2）选中"时间线"面板中的"01"文件，如图 10-41 所示，单击鼠标右键，在弹出的菜单中选择"取消链接"命令，取消音频与视频的链接。选中音频 1 轨道中的音频文件，按 Delete 键将其删除，效果如图 10-42 所示。

图 10-41   图 10-42

（3）将时间标签放置在 05:00 的位置上，如图 10-43 所示。将鼠标指针移至"01"文件的结束位置并单击，显示编辑点。当鼠标指针呈◂▸状时，向左拖曳时间标签到 05:00 的位置，效果如图 10-44 所示。

图 10-43   图 10-44

（4）选中"时间线"面板中的"01"文件，如图 10-45 所示。按 Ctrl+C 组合键，复制"01"文件。按 Ctrl+V 组合键，粘贴"01"文件，如图 10-46 所示。

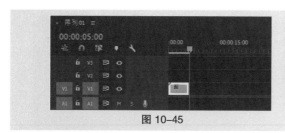
图 10-45

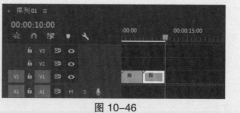
图 10-46

（5）用相同的方法将其他素材拖曳到"时间线"面板中并进行剪辑，如图 10-47 所示。

图 10-47

（6）选中"时间线"面板中的"10.avi"文件。单击鼠标右键，在弹出的菜单中选择"速度 / 持续时间"命令，在弹出的对话框中进行设置，如图 10-48 所示，效果如图 10-49 所示。

图 10-48

图 10-49

3．添加特效与转场

（1）打开"效果"面板，展开"视频效果"特效分类选项，单击"风格化"文件夹前面的 ▶ 按钮将其展开，选中"彩色浮雕"特效，如图 10-50 所示。将"彩色浮雕"特效拖曳到"时间线"面板视频 1 轨道中的"01"文件上。打开"效果控件"面板，展开"彩色浮雕"选项，将"起伏"设置为 3.00，其他设置如图 10-51 所示。在"节目"面板中预览效果，如图 10-52 所示。

（2）打开"效果"面板，展开"视频过渡"特效分类选项，单击"3D 运动"文件夹前面的 ▶ 按钮将其展开，选中"立方体旋转"特效，如图 10-53 所示。将"立方体旋转"特效拖曳到"时间线"面板视频 1 轨道中的"01"文件的结束位置与"01"文件的开始位置，如图 10-54 所示。

（3）打开"效果"面板，展开"视频过渡"特效分类选项，单击"擦除"文件夹前面的 ▶ 按钮将其展开，选中"双侧平推门"特效，如图 10-55 所示。将"双侧平推门"特效拖曳到"时间线"面板视频 1 轨道中的"01"文件的结束位置与"02-1"文件的开始位置，如图 10-56 所示。

图 10-50

图 10-51

图 10-52

图 10-53 图 10-54

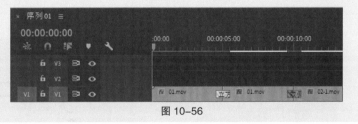

图 10-55 图 10-56

（4）使用相同的方法为其他素材添加需要的转场效果，如图 10-57 所示。

图 10-57

4. 添加字幕与音频

（1）将时间标签放置在 36:00 的位置上，选择"文件 > 新建 > 旧版标题"命令，弹出"新建字幕"

对话框，如图 10-58 所示，单击"确定"按钮。选择"工具"面板中的"文字"工具 **T**，在"字幕"面板中单击，插入光标，输入需要的文字。在"旧版标题属性"面板中展开"变换"栏，其中的设置如图 10-59 所示。

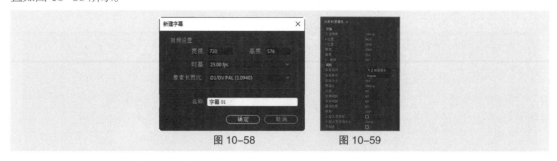

图 10-58　　　　　　　　　图 10-59

（2）展开"属性"栏，其中的设置如图 10-60 所示。展开"填充"栏，将"颜色"设置为白色。展开"描边"栏，将"颜色"设置为黑色，其他设置如图 10-61 所示，效果如图 10-62 所示。关闭"字幕"面板，新建的字幕文件自动保存到"项目"面板中。

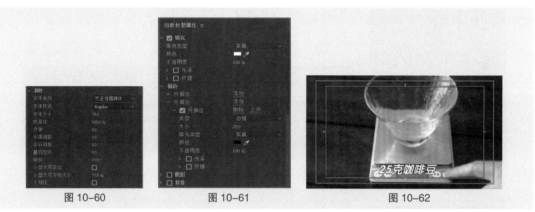

图 10-60　　　　　　　图 10-61　　　　　　　　　　　　图 10-62

（3）在"项目"面板中，选中"字幕 01"文件并将其拖曳到"时间线"面板的视频 2 轨道中，如图 10-63 所示。将鼠标指针移至"字幕 01"文件的结束位置并单击，显示编辑点。当鼠标指针呈 状时，向左拖曳时间标签到适当的位置，效果如图 10-64 所示。

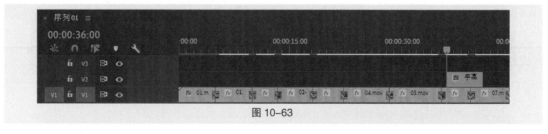

图 10-63

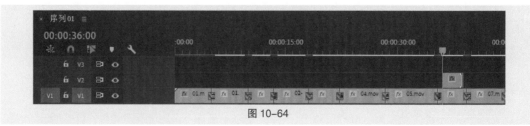

图 10-64

（4）使用相同的方法为其他素材添加需要的文字说明，如图 10-65 所示。

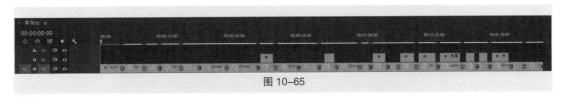

图 10-65

（5）在"项目"面板中，选中"22"文件并将其拖曳到"时间线"面板的音频 1 轨道中，如图 10-66 所示。将鼠标指针移至"22"文件的结束位置并单击，显示编辑点。当鼠标指针呈 ◀▶ 状时，向左拖曳时间标签到"21"文件的结束位置，效果如图 10-67 所示。

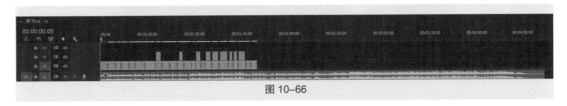

图 10-66

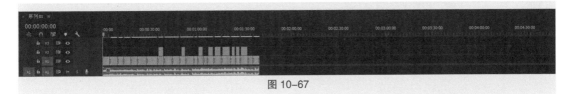

图 10-67

（6）选中"时间线"面板中的"22"文件。打开"效果"面板，展开"音频效果"特效分类选项，选中"模拟延迟"特效，如图 10-68 所示。将"模拟延迟"特效拖曳到"时间线"面板音频 1 轨道中的"22"文件上。在"效果控件"面板中进行设置，如图 10-69 所示。

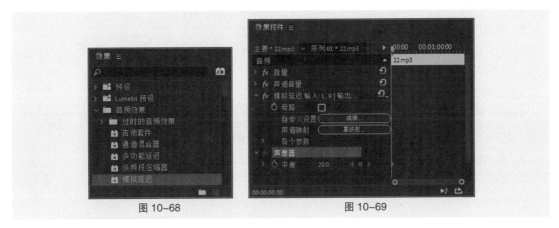

图 10-68　　　　　　　　　　　　　　　图 10-69

5．视频的输出

（1）选择"文件 > 导出 > 媒体"命令，弹出"导出设置"对话框。

（2）在"导出设置"对话框中勾选"与序列设置匹配"复选框，在"输出名称"文本框中输入文件名并设置文件的保存路径，其他设置如图 10-70 所示。

（3）设置完成后，单击"导出"按钮，输出 .mpeg 格式的影片。

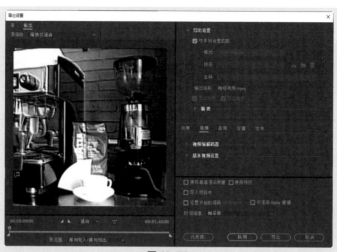

图 10-70

10.3 网店视频上传

制作完成的视频可以上传至网店，用作商品主图或详情页广告，视频只有符合电商平台相应的上传要求才能进行上传。下面分别从视频上传的要求和视频上传的方式两个方面进行网店视频上传的讲解，帮助读者掌握网店视频的上传方法。

10.3.1 视频上传的要求

不同的电商平台对视频的要求会有细微差别，下面以淘宝为例，对上传视频的具体要求进行详细讲解。

1. 视频的类目

目前，电商平台对于大多数商品类目都支持视频功能，但成人用品和内衣等类目则不支持视频功能，在制作视频前要明确所在电商平台可以上传视频的类目，避免出现制作的视频无法上传的情况。

2. 视频的内容

视频不能有违反主流文化、反动政治题材和色情暴力等内容，不能有侵害他人合法权益和版权的视频片段。视频内容可以以品牌理念、制作工艺、商品展示为主。

3. 视频的大小、长度和格式

淘宝仅支持大小在 300MB 以内，时长在 10 分钟以内的 .wmv、.avi、.mpg、.mpeg、.3gp、.mov、.mp4、.flv、.f4v、.m2t、.mts、.rmvb、.vob 或 .mkv 格式的视频文件上传。

淘宝主图视频的时长建议为 30 秒～ 60 秒，时长为 9 秒～ 30 秒时效果较佳，比例建议为 16 ：9、3 ：4 或 1 ：1，格式支持 .mp4；页面视频建议比例为 16 ：9，时长不超过 120 秒。

10.3.2 视频上传的方式

在上传视频时，可以先将视频上传到电商平台的素材中心，然后根据需要选择符合要求的视频进行展示。在淘宝素材中心，视频分为无线视频和 PC 视频，分别对应手机端淘宝和 PC 端淘宝。选择对应的选项，单击界面右上角的"上传"按钮，在打开的对话框中选择需要上传的视频文件即可将视频上传到素材中心。当需要添加视频时，可直接在素材中心选择已经上传的视频进行添加。

10.3.3 课堂案例——上传手冲咖啡教学视频

【案例学习目标】使用千牛卖家中心的发布宝贝界面，上传手冲咖啡教学视频。

【案例知识要点】使用"上传视频"按钮、"打开"按钮和"立即发布"按钮，在千牛卖家中心的发布宝贝界面中上传手冲咖啡教学视频。

① 在成功登录淘宝之后，单击"千牛卖家中心"按钮，如图 10-71 所示。

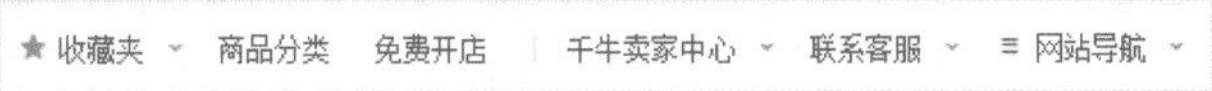

★ 收藏夹 ▾　商品分类　免费开店　┃　千牛卖家中心 ▾　联系客服 ▾　☰ 网站导航 ▾

图 10-71

② 进入千牛界面，单击"商品"选项卡，如图 10-72 所示，在"商品管理"的列表中选择"发布宝贝"选项，跳转到新的界面，如图 10-73 所示。

图 10-72

图 10-73

③ 按需要依次上传商品主图并确认商品类目，如图 10-74 所示。单击"下一步，完善商品信息"按钮，跳转到新的界面，分别填写商品详细信息，如图 10-75 所示。

图 10-74

图 10-75

④ 将需要上传的咖啡视频分割成两段，保证每段视频的时长小于 60 秒。在商品发布界面的"图文描述"选项卡中单击"主图视频"右侧的区域，弹出图 10-76 所示的对话框，单击右上角的"上传视频"按钮。在弹出的对话框中选择需要的视频，单击"打开"按钮，并添加其他相关信息，如图 10-77 所示，单击"立即发布"按钮。

⑤ 关闭"选择视频"对话框，并添加其他相关信息，如图 10-78 所示。单击"发布"按钮，完成视频的上传。

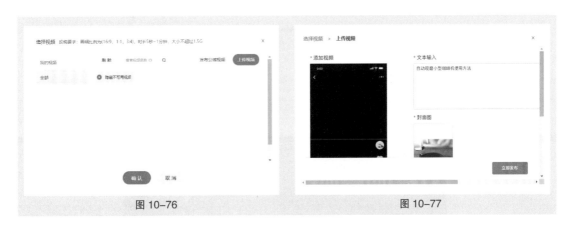

图 10-76   图 10-77

图 10-78

⑥ 在宝贝界面中查看主图视频的效果，如图 10-79 所示。

图 10-79

10.4 课堂练习——拍摄花艺活动宣传视频

【案例学习目标】分别使用 Excel 和摄像机制定拍摄脚本并拍摄视频。

【案例知识要点】使用 Excel 制定拍摄脚本，使用摄像机拍摄视频，效果如图 10-80 所示。

图 10-80

【效果所在位置】云盘 /Ch10/10.4 课堂练习——拍摄花艺活动宣传视频 /01 ～ 27. mov。

10.5 课后习题——制作花艺活动宣传视频

慕课视频

制作花艺活动
宣传视频

【案例学习目标】使用 Premiere 中的多种工具和命令，制作并输出视频。

【案例知识要点】使用"导入"命令导入素材文件，使用"视频过渡"特效分类选项制作视频之间的过渡效果，使用"文字"工具 **T** 和"旧版标题"命令添加字幕，使用"效果控件"面板调整文字的不透明度，效果如图 10-81 所示。

【效果所在位置】云盘 /Ch10/10.5 课后习题——制作花艺活动宣传视频 / 工程文件 . prproj。

图 10-81